變局

微商模式的設計與運營

劉偉斌 / 著

崧燁文化

目錄

序言 我們為什麼要寫這本書？
第一章 變局
    第一節 微商的概念與理解
    第二節 微商的模式與案例
    第三節 微商的制度設計
第二章 落地
    第一節 平臺微商運營技巧
    第二節 渠道微商運營技巧
    第三節 直營微商運營技巧
第三章 裂變
    第一節 個人微信號
    第二節 微信公眾號
第四章 粉絲社群
    第一節 粉絲價值
    第二節 粉絲的分類
    第三節 粉絲的運營轉化

第五章 PC 互聯網營銷

第一節 網站打造，企業在 PC 端的營銷平臺

第二節 內容營銷，筆桿子裡出品牌

第三節 SEO 優化，不出現等於不存在

第四節 站群營銷，讓訊息無處不在

第五節 網站效果評估與策略調整

第六章 隊與後勤

第一節 新時代下互聯網組織的建設

第二節 微商的五大運營體系建設

第七章 微商的趨勢

第一節 我想寫一篇長文，好好談談微商

第二節 微商是否為一種趨勢

第三節 微商，治失眠「良藥」

第四節 老闆為何難當？

第五節 企業將剩下老闆一人

第六節 未來微商轉型成功的企業會是什麼樣子？

第七節 守正出奇，好的微商將成為企業制勝的一支奇兵！

第八節 微商趣談

第九節 與其在別處仰望，不如在這裡並肩！

第十節 關於微商發展前景

第十一節 貿易公司—電商公司—微商公司的演變

第十二節 別看輕一個人，更別看輕一個商業模式！

序言 我們為什麼要寫這本書？

人類商業經歷數千年演變，終於在近三十年來被互聯網徹底革新。二十年前，互聯網和電子商務興起，「從此天下沒有難做的生意」，然而，事與願違，電子商務在中國發展的十年來，逐步走入畸形狀態。數據顯示，「接近80%以上的電商商家都是不賺錢的」。

沉重的流量成本、微薄的利潤空間使商家很難抽出有效的資源進行產品創新和改良。中國實業，不僅沒有因為互聯網和電商的發展而崛起，反而因為流量和價格競爭走上了一條進退兩難、頗為尷尬的路！

幸而，正在很多人開始反思和迷茫之際，移動互聯網悄然興起，並且很快帶來全新的商業模式。這個模式以去中心化為宗旨，不再依賴百度、淘寶等流量中心，而是透過人與人之間的口碑與利益分享，調動每個人的朋友圈，進而破除傳統商業的流量魔咒，創造更加良性的、有利於實業發展的商業模式。這種模式，被稱為社交電商，俗稱微商。

然而，從電商到微商的演變，由於監管沒能及時跟進，很難及時有效引導，加上營銷渠道也從過去的集中統一變成了分散多樣，過去三年來，微商發展迅猛。期間，急功近利之徒乘機興風作浪，輕者粗暴群發洗版，重者不惜坑矇拐騙，嚴重毀壞了社群商業生

大變局
微商模式的設計與運營

態，致使微商口碑毀譽參半。

微商到底可不可靠？品牌微商到底值不值得一做？微商到底應該怎麼做？這成了當今企業界很多人的疑惑。

我們——深圳永圖微商學院，多年來一直從事互聯網營銷模式研究，是一支實戰經驗豐富的團隊，近幾年來尤其專注微商模式的研究和運營。作為移動互聯網商業模式的探索者，我們一直在苦苦探索和尋找微商模式的良性發展策略。

深入移動互聯網，扎根微商第一線，我們是一邊實戰、一邊提煉、一邊盈利、一邊分享。我們逐漸發現，唯有實戰才能出真知和真學問，只有深入一個模式，才能真正感受和挖掘這個模式的精髓。我們逐漸發現，微商模式不但可靠有效，而且十分有趣。從來沒有一種商業模式這麼「好玩」，可以讓我們同時扮演多種角色：亦師——微商團隊之師，亦友——顧客和夥伴之友，亦商——在提供服務的同時實現商業價值的增長。可以說，微商充分發揮了我們每個人的潛能，又讓很多人生活工作兩不誤。

所以，我們想寫一本書，為微商正名，與大家分享移動互聯網的大趨勢，讓更多人瞭解微商、參與微商、做好微商。

這是一個正在巨變的時代，我們不能只是一味地等待。在內衣行業，很多大型公司可能被微商新品牌逼得狼狽不堪；在洗滌行業，在微商品牌的步步進逼下，有企業選擇了主動進攻並進軍微商；等等。這種演變，還會在各行業中悄然進行。

所以，我們想寫這本書，分享微商模式的設計心得，傳授企業負責人微商運營的方法，讓大家儘量少走彎路。這本書同時也是我

們永圖微商學院的教材，未來我們的教學，也會以這本書為基礎，在課堂上結合Workshop討論組的方式，深入互動和交流。

這是一本針對企業的書，一本適用於微商品牌運營負責人的書，一本凝聚了我們團隊15年實戰經驗，尤其是彙集了近幾年來在微商和微信運營領域心得的結晶。

古人說：盡信書不如無書。當今微商界「大咖」眾多，但真正有水平的卻少見。這大概是因為「大咖們」整天忙於走過場和出名，而很少靜下心真正做研究和實戰。所以，做微商，首先要從懷疑開始，要敢於突破，善於創造。

移動互聯網的本質，不只是藉助每個人的流量自媒體，移動互聯網商業應用真正的可怕之處，在於調動每個人的創造力。朋友圈發文和回覆怎麼寫，商業模式怎麼設計，即使是一句話、一張圖片，都要能體現你的觀點和個性。

要相信，世上或許有專家，卻沒有絕對，沒有權威。

所以，我們寫這本書，也是抱著拋磚引玉的心態。商學是實戰的學問，我們歡迎大家針對我們的觀點和思想提出寶貴建議，及時批評。我們同時希望能夠藉助本書，凝聚一群真正有志於移動互聯網商業模式創新的朋友，一起在實戰中成長，在分享中攜手前行！

劉偉斌

大變局
微商模式的設計與運營

第一章 變局

第一節 微商的概念與理解

微商，作為一個商業群體，自2011年微信推出，至今已經歷了四五年的發展，可惜，它仍然是一個頗具爭議的詞彙。喜歡微商的人，認為它會顛覆傳統的實體店和電商模式，成為未來商業的主流形態。不喜歡微商的人則視之如洪水猛獸，避之唯恐不及，屢屢質疑「微商到底還能玩多久」。

微商到底是什麼？前景如何？筆者作為多年的微商研究者，今天就來談一談個人對微商的理解。

為什麼會產生微商

微商，百度百科英文翻譯為WeChat Business，微信之商。微商在狹義上可以理解為基於微信個人號或公眾號的移動社交電商模式。

自微信興起後，幾乎人人都會用，於是就有了朋友圈，有了自媒體，大家都掌握了一定的廣告資源——流量，聰明的生意人就會把客戶和潛在客戶加為好友，並開始刷朋友圈。再後來，那些原先沒做生意的人也心動了，也跟著在朋友圈做起了生意。於是微商就這樣不知不覺地火了。

大變局
微商模式的設計與運營

微商是自媒體時代的產物,是移動互聯網普及的趨勢,也是國民素質提升的必然訴求。大家工作學習之餘,都想利用多餘的精力做點兼職,賺點外快,這是人之常情。

過去實體店和電商模式不具備這麼好的條件,他們投入大、門檻高,還無法隨時隨地操作,所以很多人想創業而不能創業。而現在只要一部手機,一個微信號,隨時隨地都能夠銷售和服務。

中國人微信使用者可達9.27億,這個時候有十分之一的人想做生意,也是很正常的。十分之一,那就是九千多萬人啊!

所以,不管你喜歡不喜歡,微商都在發展!

微商為什麼會火

作為一種新興的商業模式,微商在過去幾年間經歷了不少挫折,早期很多微商品牌因為不注重產品質量,給微商界帶來了很大的負面影響。2015年上半年,很多微商品牌的代理團隊幾乎一夜瓦解,那段時間被稱為「微商寒冬」。

然而,不到半年時間,微商又迅速捲土重來,勢頭比之前有過之而無不及,這是為何?因為這一次微商更加注重產品質量,並很快得到了市場的認可。

下圖是廣東高考的作文題:

筆者以微商為例，作以下解答：

左邊這位，是做傳統實體店和電商的，只有做到100分才能賺錢，才能得到市場的青睞；如果做到98分，還會挨這片「紅海」一巴掌。（「紅海」是一個經濟術語，指的是競爭相當激烈的市場。在「紅海」中，行業邊界是明晰和確定的，遊戲的競爭規則是已知的。）

所以今天很多傳統企業家不是不夠優秀，而是傳統模式競爭太激烈了。

右邊這位，則是做微商的，於是55分的時候，是因為不重視產品質量，不懂得營銷技巧，所以挨了市場一巴掌。後來重視產品質量，稍微及格，就受到了市場的青睞。

這是為何？

第一，微商吸引了更多高素質的人才。它抓住了很多人想藉助自媒體進行創業的需求，把很多高素質人才納入了商業運作中。他們可以是教師、醫生、白領，現在則成了一些商品的代理商。這些人通常有較高的文化素養和較好的人脈。他們進入商界，是商業的一種成長。

第二，微商不需要太高的投入。因為人人都擁有一個朋友圈，可以隨時隨地做免費廣告，因此省去了傳統實體店和電商模式最大的成本開銷：流量成本和廣告成本。

第三，微商不急著賺錢。說微商不急著賺錢，是因為很多人都是把微商作為兼職，這些人原本就有經濟保障，因此在做銷售和服務的時候能有更好的心態。筆者有個做微商的朋友，第一個月就進

帳不少，但是最後一結算，發現其中有一半的盈利都送給朋友作免費體驗了。

微商可以更加「高大上」

我們肯定微商，不是要忽略和無視其存在的問題。因為做微商的人員素質各異、經營隨時隨地、產品參差不齊、模式千奇百怪，所以微商也成了當今最混亂、最難監管的商業群體。因此我們對微商應該加強引導和監督，讓微商更加「高大上」。

首先，微商需要學習，我們也應該加強對微商運營知識和運營技巧的培訓，扶持微商培訓機構，頒發微商資質證書，鼓勵微商提升經營水平。

其次，加強對微商的管理和監督，尤其是對「害群之馬」，如對以微商之名行傳銷之實、銷售假冒偽劣產品、進行坑蒙拐騙的組織，堅決取締和打擊。

最後，要相信移動互聯網的訊息是透明的，相信人民群眾的眼睛是雪亮的。如第一波微商震盪的主要原因正是由於產品質量不過關，其在朋友圈的快速傳播受到消費者的自發抵制，進而土崩瓦解。

這是訊息的「人民戰爭」，它必定讓好人更好，讓壞人無處遁形而不得不變好，這是自媒體時代的最大力量。我們可以擔心，我們可以監督，但我們更應該樂觀看待它的前景和發展，共享機遇。

如何把微商做得更加「高大上」

要做微商就要擺正心態，微商是一種商業模式，既然是商業，就要遵循商業最基本的原則：互惠互利。

所以做微商一定要以顧客為中心,實現雙贏。既不用暴利矇人,也不以暴力洗版。賺錢要對得起別人對你的信任,也別把廣告做成朋友圈的膏藥貼。對別人的尊重,實際上是對自己的愛護。控制住洗版和一夜暴富這種不切實際的想法,用心去研究市場,提升專業水平,立志做朋友圈的「百年老店」,是合格微商的基本心理素養。

做微商首先要做行業專家,不管你選擇什麼產品,都必須先讓自己成為那個行業的專家,要親身體驗產品的臨床性能,學習產品的使用知識,然後才能夠向其他人推廣。

你推廣什麼產品,首先自己就得是這個產品的愛好者。自己都不體驗、不學習,甚至不感興趣,卻努力向其他人推廣某種商品的微商,這都是不合格的。

做微商還要努力學習營銷知識

微商說到底就是商業,只是它採用了移動互聯網的社交工具,才有了「微」的特色和名字。但它的本質仍然是商業,仍然是在做面向人的服務。因此,傳統的營銷學、心理學和其他相關商業運營理論中的大部分內容,尤其是基本主旨對微商依然奏效。

微商必須向傳統營銷模式和渠道運營中學習,不可目空一切!

當然了,微商首先必須玩轉微信和微博等營銷工具,如何透過這些移動互聯網社交工具結識更多的朋友、快速拓展市場,同時獲得大家的好感和認可,還需要微商們對此不斷進行鑽研。

微商們應與時俱進,不斷創新營銷方法和營銷技能,切不可固步自封。

大變局
微商模式的設計與運營

做微商要勇於創新

微商絕對不只是簡單洗版的體力活，而是一門很深的營銷學問。

真正的微商高手，不會只是一味暴力洗版，而是會想盡辦法去創新營銷文案。

和傳統的營銷廣告一樣，有水平的廣告並不討人厭。正如筆者在朋友圈刷的廣告被好友評論為「嵌入式廣告」「有情懷的產品推介」。

第二節 微商的模式與案例

阿里巴巴有句廣告詞：讓天下沒有難做的生意。現在看來，馬雲主導的電商模式並沒有真正實現這句話。

為什麼呢？因為傳統電商模式太過單一，流量高度集中於平臺接口，除了流量競爭白熱化，推廣和營銷非常缺乏活力和變化的空間，其結果是讓天下變成少部分人的生意！

而微商則可能把大部分商家解放出來，做到讓天下沒有難做的生意、難賣的產品。

因為微商的核心價值是人與人的廣泛鏈接，這種鏈接是多變的、靈活的，因而流量是分散的，模式是可以靈活設計和選擇。

正如「微信之父」張小龍先生所說，微信不會向公眾平臺或者第三方提供中心化的流量入口，反而會做更多「去中心化」的大事。

微信不打造流量中心,而是讓每一個商家各顯神通,透過線上和線下的靈活組合,去設計最適合自己公司的商業模式,微信給了每一個商家足夠的空間去發揮。

有多大的手,端多大的碗。在微信平臺上賣產品,幾乎沒有渠道可以「燒錢」,也沒有流量可以競價,必須依靠商業模式的設計來追求利益共贏,再透過利益共贏來團結一切可以團結的力量,依靠產品特色來征服顧客,藉助使用者口碑來進行二次、三次裂變和傳播。

所以在微商上賣得好的產品,首先必須是貨真價實的好產品。靠「忽悠」和價格戰已經行不通,因為消費者一旦不滿意,完全可能會告訴更多的人,最終影響的不只是你的生意,還有你的個人商譽。

那麼,微商的模式應該如何設計呢?微商有哪些模式可以選擇呢?

筆者經過多年研究,把微商歸納為以下三類:渠道微商、平臺微商和直營微商。具體如下表所示。

模式	產品	優點	缺點	關鍵
渠道微商	爆款產品	快速裂變,戰鬥力強	啟動難度大,運營難度大,穩定性弱	以培訓"圈人"
平台微商	普通產品	容易啟動,快速裂變,穩定性強	代理黏性弱,引爆難度大,有系統風險	以促銷"圈人"
直營微商	專業產品	容易啟動,一勞永逸,穩定性強	人員專業要求高,規模化難度大	以技術"圈人"

（1）渠道微商模式

渠道微商，也是最傳統的微商模式，是指依靠渠道進貨、存貨、庫存，根據進貨量設置代理層級和門檻，透過層級分銷發展下級代理，主要藉助微信群和朋友圈進行銷售的微商模式。

這種模式適用於供不應求的產品或剛性需求產品。其主要特點是海量銷售、重複消費、體驗感強、批量生產、技術門檻高。

在該模式下，要麼看準新興市場，做第一個吃螃蟹者，透過微商快速教育市場，快速裂變，打造行業第一品牌；要麼做行業創新的領頭羊，透過創新門檻，極致體驗，快速形成口碑，結合微商分銷迅速占領市場。

隨著微商的發展我們會發現，市場最需要的不是代理，而是產品。大家都會努力搜尋「爆款」，因此，如何打造「爆款」，也必定是企業經營創新的重中之重。但是，並不是每一家企業都能夠敢為天下先，都能夠追求極致體驗，都能夠創新和顛覆行業。

因此，基於「爆款」的渠道微商，永遠是少數人的舞臺。

（2）平臺微商模式

平臺微商，是指無須代理存貨，藉助微信公眾號和微信商城，採用三級分銷激勵機制，以帶有二維碼的海報為鏈接媒介，透過掃描二維碼換取積分或獎勵吸引下級代理關注，一旦產生銷售量即按約定機制獎勵上級代理，產品統一由平臺運營商發貨和售後的方式。

該模式適用於普通消費品，其特點是款式多樣、性價比高、質量有保證。

在微信上，永遠沒有劣質商品生存的空間。因為微信沒有「燒錢」引流的渠道，不能靠某些電商平臺的模式，只能依靠口碑和回頭率。所以不管是哪種微商模式，都必須高度重視產品質量和使用者體驗。

然而，平臺微商對產品的要求明顯沒有渠道微商那麼高。渠道微商追求的是「老子天下第一」。平臺微商則追求「合適的才是最好的」。前者是霹靂手段，後者追求細水長流。

（3）直營微商模式

直營微商，是由企業自己建立大量微信號，分配給企業直銷團隊，這些訓練有素的團隊，採用企業提供的微信號，以專業人員身分出現在朋友圈，進行銷售和服務的模式。

該模式適用於專業性產品，如半成品、零配件、服藥配方和專業服務方面的產品。

直營微商模式是大部分企業都需要的，也是見效最快的。其本質是把企業過去的銷售團隊透過專業訓練，把營銷陣地從傳統渠道轉移到微信上來。

比如化妝品的銷售，可以透過打造龐大的微信朋友圈的方式，把大量潛在客戶加到微信上來服務並對其進行產品的銷售。比如行業內同行之間的上下游交易，也可以把所有同行加到微信上來，隨時提供諮詢和推廣。如電商平臺和實體店，都可以引導客戶關注微信個人號和公眾號，把客戶沉澱下來，然後提供更個性化的、更深入的服務。

微商的三種模式各有優缺點，企業應該根據自身特點、人力資

源和產品特色，採用適合自己的微商模式。當然，如果同一個企業既有「爆款」又有普通產品，則可以同時採用渠道微商和平臺微商結合的方式。我們鼓勵同一家企業針對不同產品採用不同的微商模式。

此處分享一個關於直營模式的微商案例。我們暫且稱其為A公司，該公司的成長堪稱奇蹟：

①不靠代理庫存。該公司沒有一個代理商，其每月的化妝品銷售業績全部靠直營實現。

②業績高速成長：2014年年初開始摸索女性護膚產品，2014年8月月營業額突破500萬元，12月突破800萬元。

③全靠玩微信：200個業務員，每人使用3~5臺ipad，運營超過千萬的微信好友數據（都是女性）。平均每個成熟的銷售顧問能夠產生超過5萬元的銷售額。

④基本不洗版：更重要的是，目前這家公司的商業模式仍然十分良性和健康。不靠暴力洗版，不靠渠道庫存，做得十分實在和長遠。

更重要的是，這家公司的模式是可以複製的。筆者的一位朋友採用了同樣的做法銷售化妝品，不到10個員工，人均日銷售額卻很可觀。目前運營了8個月，已經有超過50個專職員工。

這兩家公司的做法，共同之處在於不依靠發展外部代理商，而是採用自聘員工，自建團隊，開通大量微信號，把潛在客戶吸納進微信個人號，然後隨時隨地向客戶提供產品和服務。

這種做法的好處在於：

①降低流量成本：藉助微信營銷破除傳統電商成長魔咒——流量成本。

透過各種微信添加粉絲、增加粉絲量的辦法，結合客戶口碑傳播，獲取低成本流量，實現去中心化，不依賴搜索引擎和電商平臺，不靠花錢找客戶。

②有效沉澱客戶：以最溫柔的方式留住最寶貴的資產——使用者。

銷售顧問的微信號屬於公司，有利於沉澱大量粉絲客戶。每一個微信號就是一家化妝品店，每個銷售顧問就是這家店的店長。

③個性化服務：透過微信號隨時隨地持續跟進，提供針對性更強、更個性化的服務。

每一個客戶都有專人負責，每一次交易都有文字記錄和數據登記，方便跟進客戶並對其進行深入服務。這種情況下即使業務員離職，也不影響公司繼續有效地服務顧客，所以必然會擁有較高的顧客忠誠度。

當然，直營微商模式雖好，運營門檻卻是相對較高。其核心難點在於如何快速、低成本地添加粉絲。只要能夠解決粉絲問題，就能夠向團隊提供源源不斷的潛在客戶，促進業務良性、快速、健康發展！

以內衣企業為例，我們談談如何靈活運營微商三大模式。

微商三種模式各有優勢。如果我來設計一家內衣企業的微商轉型升級，我會這樣做：

1.用渠道微商賣「爆款」

大變局
微商模式的設計與運營

渠道微商就是目前最火的渠道庫存模式,透過代理商共同創業,不斷培訓,形成快速裂變。

在這種模式中,粉絲歸代理商所有,當企業有「爆款」產品時,渠道會快速裂變,產生爆炸式成長。前面說過,隨著移動互聯網的發展,中國會有更多的微商,那時候最缺的不是渠道,而是產品。

如果我是一家內衣企業老闆,在當前微商風生水起的大時代,一定會在自己所有產品中,傾力打造一個「爆款」。然後帶著這個「爆款」,全力以赴進軍渠道微商,並在全國範圍內快速建立自己的微商體系。

此外,還有一條捷徑,那就是想辦法去「爭取」和「團結」其他品牌、其他行業的微商渠道力量。

比如,我會去爭取和擁有相近使用者群體的微商渠道合作,向他們提供更多的產品,借力成熟的微商渠道體系。

當今中國三大機遇,我認為,第一是房地產,第二是金融,第三就是微商,我稱之為「圈人運動」。

任何企業在這個時代要有所作為,一定要盡快參與到「圈人運動」中來。

2.用直營微商做上下游代加工和輔料等半成品合作

直營微商是企業自己建立微商直銷團隊,面向特定客戶群體,透過微信朋友圈進行服務和銷售的模式。

這種模式的特點是穩定、專業、持續性強。透過建立自己的微信服務團隊,企業自己擁有相當數量的粉絲群體,聘請員工來維護

和經營。粉絲不隨著員工變動而受影響，相對於渠道模式要穩定得多。如果我是一家內衣企業老闆，我會建立一個團隊，可能是兩三個人，也可能是一兩百人，他們每天負責維護公司的微信號（由一系列的個人微信號組成），然後把全國的內衣同行加在公司的微信朋友圈裡面，隨時隨地向他們提供服務。

如果我們公司同時還做電商，我會找專業微信公司開發一個微信互動功能，然後給每一個淘寶和天貓客戶傳送二維碼，用微信紅包、積分優惠、會員促銷等方式，吸引他們關注我們公司的微信公眾號和個人號，把弱關係轉化為強關係，把小客戶轉化為大客戶，把大客戶轉化為代理商。

直營微商面向的群體是業內人士，或者是需要專業服務的客戶，以及其他渠道轉化的VIP客戶群體。比如上下游的同行，可以透過公司的個人微信，提供更專業、更及時、更直接的服務，這是渠道微商做不到的。

3.用平臺微商賣其他非「爆款」產品

內衣微商風生水起，大家都在全力以赴以最物美價廉的「爆款」來「圈人」。那麼到最後會是什麼結局呢？答案是：各家企業會存在大量的非「爆款」產品滯銷！這些產品不是沒有市場，只是不夠搶眼。那麼它們應該怎麼銷售呢？答案就是平臺模式！

平臺微商模式就是基於微信公眾號，讓粉絲自發裂變，三級提成獎勵。這種模式的優勢在於面向陌生客戶，銷售非「爆款」產品，追求物美價廉，甚至特價促銷，非常實用。

透過這種模式，可以快速增加粉絲量，同時也會帶動其他產品

的銷售。所以,如果我是一家內衣企業的老闆,我會搭建一個這樣的平臺,把公司所有的產品都上架,然後每天或每週,定期促銷。

因此,方案如下表所示:

模式	產品	策略	捷徑	關鍵
渠道微商	"爆款"內衣	設計激勵制度,快速招商	挖掘其他品牌的微商代理渠道	產品要好
平台微商	其他非"爆款"內衣產品	搭建微商城,社里激勵制度,快速裂變	追求性價比,快速推廣,頻繁促銷,以利動人,以質服人	活動要多,兌換要快,產品要好,顧客省錢
直營微商	內衣輔料 線下客戶 電商客戶	建微信號 加同行 加線下客戶 加電商客戶	讓現有團隊快速轉型,每個人配置微信號,請專業公司培訓	多發紅包,廣交朋友

如果有企業採用了以上辦法,業績依舊不能快速增長,那麼則要及時反省產品質量和團隊執行力了。

這種微營銷也叫消費商,它的發展隨著移動互聯網的發展,消費者素養的提升,全社會對微商概念的逐步認可,將會越來越快。

所以,筆者也不止一次說過:平臺微商也可能是移動電商的真正未來。

第三節 微商的制度設計

微商產品選擇

微商的產品選擇是品牌企業進駐微商的敲門磚，也是個人通向微商成功之路的鑰匙。產品選擇的好壞，直接關係到企業轉型微商的成功與否，以及個人成為優秀微商的阻力大小。應該說，一個好的產品會推著企業和個人往前跑，而一個不符合互聯網思維、不具備微商渠道特點的產品，就像是一個包袱，由企業和個人在苦苦地拖著它前進。

那麼，進軍微商應該怎麼選擇產品呢？有什麼樣的選品標準呢？

我們來看看渠道微商的選品標準。

第一，毛利率高。

對於渠道微商來說，微商產品是層層代理。那麼為了保證每一個級別的積極性，微商產品必須要有足夠的毛利來保證各級渠道的獲利。一般來說，毛利50%以上的產品更有利於產品立足渠道微商，很多微商產品賣得非常好，就是因為他們滿足了這樣一個條件。比如一件成本20多元的內衣，零售價可能定在168元，可見這裡面的利潤有多高，微商有多大的利益驅動。

第二，必須是復購型產品。

為什麼總是強調微商要做復購型的產品呢？其實很簡單，大家想想，是不是每個人維持其圈子的人數都是一定的呢？雖然我們有很多增加粉絲的方法，但是事實證明，每個人維護其關係的人數數量是一定的，特別是在移動互聯網上。所以，為了讓每一位微商能夠保持銷售的持續積極性，必須要選擇復購型的產品。例如，我們拿一款普通家具來做微商合適嗎？即便微商可以幫助你銷售出去，

但是家具一般要用上幾年才有可能更換,接下來這幾年微商怎麼維繫其收入呢?

第三,最好是剛性需求產品。

這點和上面提到的內容是類似的,渠道微商的產品最好是每個人或者是特定群體的剛性需求產品。剛性需求產品免去了微商的大量引導過程,並且剛性需求產品大多又是重複性消費的。比如最近很火的微商產品——竹纖維紙,就是剛性需求用品「紙」的改良產品。在大眾必須要用的基礎上,強調過去用紙的痛點,紙巾是大家都要用的剛性需求產品,微商只需要引導使用者,讓使用者有更好更合理的選擇就可以了。而如果你選擇裝紙巾的塑膠盒子來做微商產品的話,那麼你就要告訴別人為什麼要用這個東西,因為它並非剛性需求產品。

第四,功能顯性,體驗感強。

當今的社會中,人們是比較浮躁的,很多事情都追求快速見效。當然,目前的微商也是一個相對浮躁的領域。所以在選擇微商產品時,最好是要有顯性效果的,也就是能夠讓人們快速獲取體驗感的產品。從一個很現實的角度來講,這樣做才能更好地刷朋友圈。一個能讓人快速獲取體驗感的產品會更加容易獲得微商的追捧以及消費者的快速認可。比如面膜就比直接塗抹在臉上的護膚品要更適合作為微商產品,因為面膜貼上去有很強的體驗感,清涼舒適,同時又具備很好的外部觀感,你可以把貼面膜的各種照片分享到朋友圈,但是如果是普通護膚品,你塗上去和不塗上去,則沒有明顯的外部觀感差異。

第五,核心競爭力優質的產品。

事實上，這一點應該是基礎中的基礎。我們從事微商營銷策劃多年，都知道在這個時代，好的事情和壞的事情都一樣會爆炸性傳播，特別是壞的事情，有時候會傳播得更加快。另外，顯然是充斥市場、具有核心競爭力的產品更有利於立足微商領域，脫穎而出。

第六，產品需要提供簡單服務。

微商的價值在於提供服務，很多過去在微商市場裡做得特別好的產品在線下都是需要導購員去推銷的，這說明了微商是把過去線下服務的內容轉變到線上服務的一個角色。所以微商產品最好是需要微商提供簡單服務的，這樣才能體現出微商的價值，而不單單是貨物的流通者。但是這裡指的服務，不能是複雜的服務，必須是可以讓微商快速去學習而獲得的一些服務能力，如果是太複雜的，就不利於微商市場的推廣了。

以上六種關於進駐微商需要注意的選品標準，是我們根據數千個微商案例和大量的微商調研所總結出來的，雖然這些不是1%也不是100%的標準，而是比較通用的一些準則，當然也有一些做得好的微商不符合這些標準，但是對於普通企業進駐微商領域，如果符合了這裡的六項標準，也許就能更好更快地進駐到微商市場裡面。

說完了渠道微商的選品標準，我們再來看看直營微商應該如何去選擇產品。事實上，直營微商是渠道微商的一個加強版形式，就像線下做生意，很多品牌首先會去發展各地代理商，當發展到一定程度的時候，品牌就會把這些代理收為直營的一些店鋪來管理和經營。渠道微商和直營微商其實也是這樣類似的關係，所以渠道微商的選品標準其實也適用於直營微商。只是直營微商多了一條，那就

是可以增加更專業的服務內容，因為直營微商模式是自己招聘和管理微商人員，這些微商能夠承載更加專業的服務。這就是渠道微商和直營微商的主要選品差別。如果我們的產品需要有很專業的服務，就適合採用直營微商的形式。

接下來我們談一談平臺微商的產品應該如何選擇。我們在前面提到的渠道微商的產品選擇有六大標準，那麼按照這六大標準選出來的產品適不適合平臺微商呢？這裡的回答是肯定的，因為按照渠道微商的六大標準選出來的產品，是一個符合互聯網思維的「爆品」，而且產品力往往也較強，這樣的產品適用於互聯網的各個模式和各個渠道，所以大家看到有很多符合渠道微商六大標準的產品，目前在平臺微商也做得非常好，比如說前面提到的竹纖維紙，就是利用平臺微商的方式來做的，所以透過渠道微商選出的「爆品」在平臺微商上去銷售也是可以的。

反過來，我們看一下平臺微商的產品是不是一定適合渠道微商呢？答案是不一定。大家可以想像一下我們所熟悉的平臺微商品牌，它們裡面大多是大而全的低價值產品，特別是日常消費品，這種產品就不一定適合渠道和直營微商了。為什麼呢？首先因為這類產品的價值比較低、渠道微商銷售動力不大，另外，渠道微商和直營微商很難用其個人的銷售能力去背書太多品類的產品，而更適合去做一到兩個「爆品」，每個微商都有針對其定位適合銷售的產品，而不是去做平臺型全品類產品的銷售，特別是一個普通微商而非專業人士。

在此總結一下，三大微商模式應該如何去選產品呢？或者是如果你現在有一些產品，怎麼判斷它適合採用什麼樣的微商模式去操

作呢？我認為有5點評判標準，他們主要是品牌力、品類、單價、專業要求、市場成熟度。

其一，品牌力。品牌力越強的微商產品對微商的個人信任背書的要求越低。比如中糧啟動微商項目，中糧是一個大品牌，大家對它已有信任，所以它就不需要花費太多精力去宣傳它的產品，在這個情況下，它就更適合用平臺去做。品牌力低的產品則需要人們花費更多的精力為其代言，這種精力影響最強的就是直營微商。所以在品牌力上面，如果是初創的品牌，更有力的模式應該是直營微商，其次是渠道微商，最後才是平臺微商。

其二，品類的影響。前面講到每個人對產品品牌的背書能力是有限的，如果有太多的產品品類，我們更適合放到平臺上去，讓消費者去挑選，而不是讓個人微商去服務。而如果品類較少，我們則可以藉助個人微商的能力去做銷售。

其三，單價。單價高的產品更適合專業的微商人員去做，就是直營微商，其次是渠道微商，而單價低、大而全的產品則更適合平臺微商。

其四，專業要求。專業要求越高越適合經過專業訓練的直營微商，其次是渠道微商。而對於產品專業服務能力要求最低的產品則適合用平臺形式，因為平臺不需要太多個人的信任和解釋，很多消費者可能看到產品詳情頁就下單了。

其五，市場成熟度。如果一個產品在市場上已經很成熟，相對來說其需要的教育力量其實是較少的，這個和專業要求是一致的。市場成熟度高的產品適合用平臺微商的方式來做，其次是渠道微商。如果產品的成熟度很低，也就是需要有更多教育要求的，則適

合用直營微商。

這就是不同的微商模式應該如何選擇產品以及如果你手上現在已經有產品了，該用什麼樣的微商模式來做的標準。雖然這也不是百分之百的一個標準，但這是我們在總結大量微商案例後提煉出的標準，值得大家好好去思考，去評判你手上的項目。

微商產品定價

接下來我們談一談企業做微商應該如何設定價格。

微商的定價即是微商的利益分配機制，跟微商的積極性和後期的上升空間是息息相關的，將影響到微商整體運作的激勵機制，關係到微商會不會有活力和戰鬥力。所以，微商的定價在啟動微商的頂層設計中，是極其關鍵的環節。

下面我們來看看渠道微商應該如何去定價。

這裡要講兩條定價的基本原則。第一，定價必須要讓最底層的代理商享受到最大部分的利潤空間。為什麼呢？大家想想，是不是有很多微商體系最後因產品滯銷而失敗呢？如果底層代理商沒有動力去銷售產品的話，那麼最終整個體系將會停滯，即使發展再多的代理，這個體系都可能會面臨崩潰，所以只要我們的貨物能夠被賣出去，整個體系就會自下而上創造持續的活力。因此，我們的首要原則就是要讓底層代理商享受最大的利潤分配。第二，價格的設置必須要讓所有的代理商有動力，有積極性往上升級。比如最基層的代理在努力一段時間後能有機會上升一級，為了更加優惠的價格和政策，又有動力再往上繼續升級。

微商品牌建設方法

這部分內容中，我們來談談微商的品牌建設方法。對於轉型微商的企業來說，大多都是新興的品牌，如果這些新興的品牌想要得到消費者的認可就需要去做微商品牌的建設，這不但有利於微商的產品推廣，而且對於品牌商來說，有一個強有力的微商品牌也是微商項目可以持續良性運作的保障。那麼，做微商的品牌推廣有哪些常見的方式呢？

第一，在傳統媒體上的策劃投放。大家一聽到傳統媒體，首先可能想到的是：傳統媒體在今天的傳播效果是非常一般的，對於微商品牌來說，為什麼還要堅持去做？傳統媒體的投放不在於真正能夠造成多大的宣傳告知作用，而是一個很強大的信任背書，因為對於很多人來說，電視廣告還是有相當高的門檻的，不正規的產品一般很難上電視廣告。另外一點就在於，在很多人的心中，傳統媒體是一個比較權威的平臺，能夠上傳統媒體的產品，都是非常不錯的產品。所以當你的產品，能夠上中央電視臺，能夠上湖南衛視的時候，大家就會對你的品牌有一個自然而然的信任感。對於微商團隊來說，這是他們拿去洗版的最重要的素材之一，微商會去宣傳這個產品是上過某某電視臺的，這就成了一個很具優勢的推廣素材。

第二，採用網路媒體，特別是PC端網路的優化，又叫SEO，很多人在選擇微商產品或者代理微商產品的時候，第一個動作還是會去百度上搜索這個品牌，找到關於這個微商品牌的一切消息，這個時候我們在PC網路媒體上做的工作就會造成非常大的作用，上面展示的內容就像是我們的門面。

第三，提煉企業經營中的一些亮點事件。這包括企業的榮譽、熱點事件、新品發布等。這些都是微商品牌很好的宣傳素材，並且

能讓微商和消費者知道企業為了做更好的產品在積極地前進。

第四，微商的線下大會。微商的線下大會是微商品牌操作中很常見的，很多微商品牌經常會去出席各種大會，為什麼要這樣做呢？因為這確實會對品牌造成很大的曝光作用，也會讓別人覺得這是一個很成功的、有一定口碑的大品牌。同時，在微商大會上，如果我們能夠邀請到一些名人為我們的品牌做宣傳，或者邀請到一些媒體來採訪報導，就會對品牌造成很好的塑造作用。

微商管理團隊配置

前面我們講了一些制度上的設計，不過無論多麼好的制度設計，最終都是由人去落實的。下面我們來談談進軍微商，企業需要配備什麼樣的團隊人員。

第一，運營負責人。微商項目的總體運營需要有一個強有力的把控和管理人員，這個總負責人最好是由企業裡有話語權的高管或者企業負責人來擔當，以更好地推動微商項目的進展。因為對於很多企業來說，微商項目是一個新的項目，很多人會不理解，會出現很多阻力，需要企業裡有話語權的人來推動這個項目。

第二，負責品牌宣傳的人員。任何微商品牌都需要有品牌內容的策劃，都需要打造品牌知名度，因此我們需要有一個專門做品牌策劃的角色來做品牌宣傳。

第三，負責招商的人員。這是最重要的崗位，為什麼？大家知道，微商能不能做起來的很關鍵的一點就是我們能不能招到代理商，能不能快速回籠資金來進行下一步的行動。這一角色也就是傳統企業裡面的銷售或者渠道管理的角色，所以必須要有一個能力比

較強的人來負責招商，以口才好、邏輯思維的人為佳，過去很多在傳統企業裡做銷售、做渠道管理的人員都比較適合這個角色，特別是優秀的銷售和銷售管理人員。

第四，素材製作。現在的微商已經進入比較正規的階段，這就要求總部要有一定的專業素材提供給各級的代理，所以我們需要配置一些有文案策劃和平面設計能力的人去，給各級的代理提供最強有力的素材。

第五，客服人員。無論我們做渠道微商還是做平臺微商，都需要有客服人員來隨時解答代理商和消費者的問題，特別是平臺微商。大家知道，透過公眾號來諮詢的人會特別多，所以在平臺微商上，我們的客服顯得非常重要，客服需要隨時專業地去處理客戶的提問，包括訂單的問題、退換貨的問題等，平臺微商前期的客服水平往往會對平臺後期的發展和使用者黏著度產生很大的影響。

大變局
微商模式的設計與運營

第二章 落地

第一節 平臺微商運營技巧

營銷互動

本節主要論述作為平臺微商應該如何做營銷互動,以及營銷互動有哪些好處。行文中將會以某地產公司的互動平臺作為案例進行剖析。

互動,並非單純地指社交平臺上泛濫的轉發、集讚或者是促銷,而是指那些在一定主題或者規則下展開的,基於創新的、學習的、情感的、娛樂的,或者是能夠調動使用者參與的,以營銷為根本目的的各種活動。

在社會化媒體營銷中,營銷互動造成的作用主要有以下幾點:

(1)促進新型的企業與消費者之間關係的建立;

(2)更好地促進口碑傳播;

(3)引導消費者在社會化媒體上創造對企業有利的內容;

(4)促進與消費者的聯繫並逐步形成基於共同消費體驗或產品偏好的社會化群體。

就像某地產公司專門開闢了一個公眾號做粉絲互動,這正是看

大變局
微商模式的設計與運營

到了社交平臺上營銷互動的好處,其雖然不是做微商平臺,但它在這個互動平臺上所做的營銷互動值得每一個平臺微商借鑑。

先看看近期該生活公眾號與歐洲盃這一熱點相結合的營銷互動案例。地產與歐洲盃結合,能夠做什麼?最簡單的當然是比賽結果的競猜。所以該公眾號及時推出了歐洲盃競猜送積分活動,粉絲所獲得的積分可以在該公眾號的商城中兌換正版歐洲盃球衣以及紀念品。

透過對歐洲盃比賽最後6天的競猜記錄的觀察分析,可以看到每期的參與人數都超過一千人,而這場活動使得這一千多人在這一個多月的時間裡與公眾號多次互動,不僅增加了使用者的黏著度,還有效地達到了品牌宣傳的效果。

作為一個平臺微商,在知道了營銷互動的作用之後,究竟應該怎樣做營銷互動呢?

該公眾號的這場歐洲盃競猜互動活動主要分為前期策劃、中期執行和後期維護三個環節。

前期策劃包括:

(1)制定積分獲獎規則。但是在執行當中,要注意避免因前期策劃不夠完善而導致執行中出現規則外的事情。

(2)禮品預算。禮品選用了在球迷心中具有凝聚力的正版球衣,兼有歐洲盃紀念品,前者主要針對球迷,後者主要針對「偽球迷」。

(3)海報。海報採用了目前市場上常見的營銷系統,海報中體現了主題玩法、獎品等。這張海報上線之後,每一位粉絲都可以

在公眾號生成專屬的海報,並轉發分享。根據後臺數據監測,這張海報的生成量超過1000張。

(4)圖文。微信圖文應力求有趣、好玩、有吸引力。

(5)競猜頁面。競猜頁面應清晰明了,規則明確就可以了。

(6)積分發放提示語、商城禮品設計、掃碼關注、關鍵字回覆等。

一方面要提供及時的、有效的訊息;另一方面要植入品牌訊息、產品訊息及相關鏈接等。

中期執行包括:

(1)競猜內容更新,中獎統計及獎勵發放,商城維護。競猜內容更新是隨著比賽的進展而展開的,中獎統計及獎勵發放是有效激勵粉絲不斷參與和分享的措施,商城維護要求及時地發放粉絲所兌換的禮品,這幾步力求做到及時、有效。

(2)客服。客服在整個營銷互動中扮演著重要的角色,有時候客服甚至決定著整場活動的效果。不論是在活動開始前,還是活動執行中,面對粉絲的後臺留言,客服都要耐心地解答,普及平臺的意義、活動的目的。

後期維護主要是指數據總結。

其實,營銷互動的方式有很多種,針對不同的產品、不同的平臺,有不同類型的營銷互動方式,主要有以下幾種:

(1)涉及建立客戶關係層面的互動——關係型互動

企業可以以自身消費者群體的某種使用者偏好作為關係紐帶,

也可以以地域為紐帶，設計本地化線上、線下貫穿的活動類的互動，還可以以客戶重複購買率為紐帶，設計各種激勵或給予榮譽的互動方式。

（2）涉及客戶溝通層面的互動——溝通型互動

可適時組織相關人員對消費者提出的問題進行統一作答，舉辦一些普及產品知識的網上交流會，組織基於消費體驗或使用體驗的經驗分享會等。

（3）涉及市場調研和產品設計層面的互動——產品型互動

此類互動可採用網路問卷、微博投票模組徵集產品設計創意，組織與產品設計相關或與新需求相關的趣味競賽等。還可以在社會化媒體中徵集產品試用者、提供有限的產品訂製機會、在粉絲中評選產品代言人、鼓勵粉絲參與代銷競賽等。

（4）涉及品牌傳播與推廣層面的互動——傳播型互動

企業可在微博、微信中製作讓粉絲感興趣的圖文內容，讓消費者轉發分享；或是發起與熱點結合的互動遊戲，激發消費者參與的熱情，並自主分享傳播。

總的來說，平臺微商的營銷互動可以從以下方面入手。

（1）選擇符合企業特點和需求的營銷互動方式；

（2）選擇符合節點、熱點的營銷互動方式；

（3）做好完整的前期策劃；

（4）按照計劃高效、靈活地執行。

如果平臺微商的運營者能夠按照以上步驟執行，那麼這個平臺

所執行的營銷互動活動的效果便不會太差。

運營的最大樂趣，其實就是「創造一個小世界並令人在其中獲得愉悅的體驗」。

微信商城營銷策略

隨著企業開通微信商城的方法越來越便捷，現如今已經有越來越多的微信商城出現，似乎每一個商家或每一個店鋪都能夠申請到一個商城。的確，開通線上商城可以幫助商家以及店鋪透過線上購物的便捷性增加銷售量，但可惜的是大部分微信商城只是抱著試運營的態度，結果可想而知。這種情況是可惜的，同時也很普遍，因為絕大部分商城的開通者都沒能明白：微信商城的開通意味著我們在線上開了一家分店，而這家分店是需要我們用心去經營的。所以，我們開通微信商城後要做的第一件事情就是認真對待。

當然，光認真對待是不夠的，我們還需要瞭解當今微信商城的銷售方法，並根據自身的情況制定自己的商城銷售策略，在這裡推薦幾個比較好用的促銷方法並指出一些注意事項：

（1）秒殺／限時折扣

對於絕大部分商城而言，無論是線上還是線下，曾經都做過促銷活動，但是經常會出現兩種情況：一種是商城在促銷時間過後就沒有銷售額了，另外一種則是商城連在促銷時間內都沒有銷售額。

出現以上兩種情況的原因主要是產品以及推廣的問題。先說產品，挑選促銷產品的時候一定要關注該產品在平時的銷量如何，也就是產品在市場上的受歡迎度。如果挑選的產品是新品，或者是商城想利用秒殺低價產品做一波活動增加下人氣的話，建議不要使用

一些硬通貨，如手機或者充電寶，不要因為擔心促銷產品沒人關注就去用其他產品來做促銷。之所以這樣設置是因為低價促銷活動的目的是為了讓客戶用低門檻的價格瞭解商城的產品，讓客戶能夠跟商城產生聯繫，瞭解商城以及產品，而不是讓客戶進來搶購一部手機。所以在促銷產品的選擇上，應重點考慮促銷產品的市場受歡迎度以及產品的代表性。

至於促銷活動的推廣，商城經常會進入一個誤區，那就是為了流量而去推廣，有些商城會找一些微信公眾大號做推廣，但可惜的是結果往往不如人意。原因就在於推廣時沒有把產品的促銷訊息推播給商城的客戶，每個產品面對的消費人群是不一樣的，如果推廣缺乏針對性，那麼結果就會大打折扣，所以促銷活動的推廣一定要找準自身客戶聚集的地方，比如要銷售母嬰用品就可以在一些發布早教故事或者兒童成長漫畫故事的公眾號上發布相應訊息。

最後要説的關於秒殺或者限時折扣的一點就是商城需要給客戶一個合理的解釋，即為什麼促銷時期如此低價。無論是秒殺還是限時低價，都有一段時間價格降低了許多，這就需要向客戶解釋，讓客戶參與到促銷活動中來。有的商城會解釋為「每週秒殺活動」或「週年紀念活動」等，但無論如何，一定不要將這個解釋省略，不然會讓商城的客戶感到促銷的產品就是便宜貨，而且更有可能出現的情況是客戶參加完促銷活動之後就離開商城，不再停留了，也就是客戶的參與只是單純為了低價。

（2）團購

關於團購，很多人只是在網上參加過團購活動，覺得方便快捷。但是對於商城自身做團購活動時，總會感覺商城的客戶並不買

帳，訂單數不見漲。這裡面其實涉及幾個問題：

第一，團購的成功率。在設置團購活動的時候應著重考慮這個問題，當商城的客戶在看到團購活動後，點擊鏈接進入團購頁面，除了瞭解團購價格的優惠程度，客戶更希望知道自己完成一次團購的難易度。之所以要考慮這一個問題是因為成團率會帶來真實的訂單和銷售額，所以如果商城要做團購活動，不妨在頁面中加入「參團提示」這一功能，幫助更多的客戶團購成功，讓客戶買到喜歡的產品。

第二，團購訊息的傳播。很多商城之所以都喜歡用團購做活動的一個原因就是客戶團購的同時會將團購的訊息發送到朋友圈或者微信群，讓更多人知道團購的訊息，從而幫助商城進行傳播裂變。只是，在做團購活動的時候該如何去設計這一個環節，也就是如何讓客戶將團購訊息發布出去，這就是我們需要考慮的問題了。現有的做法是用團長免費的利益導向讓客戶發起團購，這個做法需要考慮到團購人數以及其他團員的價格優惠程度，團購人數一般是4~5人，說難也不難，說容易也不容易，剛好可以利用團長免費的優惠讓客戶發起團購，至於團員價格的優惠，在考慮成本的情況下，優惠幅度一般是八折，當然，這個折扣優惠力度可以根據自身產品利潤空間和具體優惠價格大小去調整。

第三，如何將服務融入團購。這裡的服務指的是如何幫助客戶團購成功，以及讓客戶買到其他喜歡的產品。每個團購都會有時間限制，但是當時間快截止的時候，如果團購沒能成功，那麼商城能不能在商城利益不受損的情況下幫助客戶完成團購呢？而且在幫助客戶的同時是可以較容易加到客戶微信號的，這就是把服務融入團

購了。至於推薦客戶團購其他產品,既可以在頁面增加推薦功能,也可以在添加客戶微信號後進行朋友圈推播。

(3)優惠券

關於優惠券的功能使用,商城一般有兩種做法:

第一,用積分兌換優惠券,然後再用優惠券直接兌換獎品。這一種主要是商城客戶透過商城設置的積分規則獲取積分,而這類獲取積分的方法主要有轉發海報、每日簽到、幸運轉盤。可以說,在這一做法中,優惠券主要是一種輔助功能,更為重要的是商城客戶獲取積分的方式。

其中轉發海報獲取積分這種做法主要是透過粉絲轉發海報達到商城粉絲裂變的目的,即在商城客戶轉發海報之後,在積分獎品的驅動之下,客戶的朋友同樣會生成海報並轉發給其他人,而在這樣的利益機制下,透過設置商城客戶獲取積分的難易程度以及積分兌換的獎品的誘人程度,不斷透過利益分享的概念驅使商城客戶轉發海報,從而增加商城粉絲數以及商城的曝光度,便可以更好地做到平臺推廣。

而每日簽到以及幸運轉盤的遊戲則是透過增強商城客戶與商城的互動,達到增加商城客戶對於商城的黏著度的目的。對於商城而言,商城的客戶透過各種渠道進入商城後,商城需要給客戶一個留在商城的理由,因為客戶在參加完優惠活動或者積分兌換活動後,在收到商城產品之前的這段時間,商城客戶對於商城的認知是空白的,客戶只是知道商城是在做促銷活動,如果是這樣,那麼商城給客戶留下的印象就不是很好了。所以這個時候需要透過每日的簽到或者每天可以參加的類似「幸運大轉盤」的活動將商城客戶留在商

城。互聯網一直有這麼一句話，叫做「不出現等於不存在」。如果一個商城在初期階段不經常在商城客戶面前晃悠，那麼商城客戶也會很輕易地忘記這家商城。所以商城需要在初期透過這些活動或者遊戲讓商城客戶能夠對商城保留幾分印象。

　　在積分兌換優惠券的這種做法中，除了商城客戶獲取積分的方式之外，積分兌換的獎品也是需要慎重考慮的，獎品的設置可以參考促銷產品的設置，即產品的市場受歡迎度和商城的代表性，以下是一些商城用得比較多的獎品，例如紅包或者話費流量、小飾品（低價包郵的產品）、商城產品的互補品（如銷售咖啡的商城可以用咖啡杯作為獎品）、商城產品、周邊產品（與演唱會門票相關的獎品是明星海報或者簽名CD）等。每個商城都可以根據自身產品的特性去設置獎品。

　　第二，設置折扣券、滿減券或者抵用券等，商城客戶可以透過使用優惠券以低價購買商城產品。這種方法線下的商城用得比較多，如果商城的產品屬於日用品或者利潤空間不大的產品，建議不考慮使用這種方法。該方法比較適合賣女裝的商城，原因是女裝利潤空間比較能夠容納高價格的優惠券，更具吸引力，而且優惠券迎合了女性消費者的心理，即在確認產品的質量以及購物便利的前提下，追求價格的優惠，或者說商城可以用優惠券促使消費者下定購買商品的決心。

　　以上就是商城常用的三種方法，這三種方法適用的層面相對比較廣，而有些方法針對性太強，只適合一兩種行業，在這裡就不再贅述了。最後，總結一下商城策劃銷售活動時需要牢記的三點：

　　一是產品。對於銷售活動而言，不可能出現產品多差都能銷售

得出去，而且消費者還能重複購買的情況。銷售活動可以幫助產品更好地銷售出去，但是顧客是否會重複購買更多的是取決於顧客的使用體驗。所以無論是商城銷售的產品、促銷的產品還是商城的獎品，都需要考慮到顧客體驗。

二是商城的利潤。做促銷活動並不是單純的賠本賺吆喝，如果商城在做銷售活動時只是砸錢賺商城客戶數以及銷售額，卻不考慮商城的利潤，那麼這樣的銷售活動也是失敗的。可以說商城的利潤是評價商城銷售活動是否成功的唯一標準。

三是銷售的本質是與客戶產生聯繫，並且維持這一段聯繫。當客戶在商城挑選好產品後，商城透過銷售將產品送到客戶手中，商城和客戶的聯繫才剛剛開始。一家商城的成功除了依靠自身正確的策略，更多的是取決於商城的粉絲沉澱，沒有粉絲沉澱的商城永遠都只是一家新開的商城。

第二節 渠道微商運營技巧

渠道微商運營的關鍵在於對代理商的運營，一方面要教代理商如何去運營自己的微信號以及發展下級代理；另一方面要做好代理商的社群管理，讓整個代理團隊保持積極熱情的氛圍，促使代理銷售產品並升級。

個人微信號的定位

不同級別的代理商，其微信號定位是不一樣的，不同的定位決定了不同的朋友圈內容，所以一開始就需要讓代理明確自己的定位。比如零售商的朋友圈內容主要是分享產品使用體驗和介紹產品

功效，分銷商的朋友圈則應以招募代理的內容為主。即使品牌不同，但定位大同小異，處於最低級別的代理定位為零售商，處於高級別的代理定位為分銷商，而中間級別的代理則比較靈活，既可做零售商，也可做分銷商。

個人微信號的包裝

微商推廣產品的方式不僅僅是發朋友圈，還包括包裝自己的微信號，專業的個人號的包裝可以在各個可以利用的地方進行宣傳推廣，給潛在消費者和代理專業的第一感覺，這可以對訂單的成交造成事半功倍的效果。

1.微信暱稱

暱稱是我們給受眾的第一印象。你是誰？你是做什麼的？這是暱稱需要回答的問題，一個好的暱稱能讓受眾在第一時間明白上面兩個問題，減少溝通成本。

起暱稱的技巧是植入關鍵字，這些關鍵字包括你的名字、職業、公司、產品等，這樣別人第一次看到微信暱稱時就會明確你是做什麼的。

起暱稱的誤區是用一些符號或者和關鍵字不相關的歌詞、座右銘等作為暱稱，如果這樣做的話，一是受眾第一次看到暱稱的時候會對微商的感覺模糊，不明確這個人叫什麼名字，是做什麼的；二是想要購買該產品的時候不知該如何搜索；三是在跟微商溝通的時候不知道如何稱呼對方。

2.頭像

頭像和暱稱一樣，是微商給受眾的第一印象。選擇頭像時，最

好使用識別度高的、自己的真實照片，識別度高是指頭像圖片清晰、美觀、顏色鮮明，文藝風格、旅遊風格等都可以。使用真實照片可以給受眾真實的感覺，這樣微商在跟客戶溝通的時候能讓對方和暱稱對上號，感覺更加可靠，增加信任感。

設置頭像的誤區是用風景、花草、寵物這些來當作頭像，因為這些很難讓自己與其他人區分開，很難讓受眾把頭像和自己的名字對上號，溝通的時候存在模糊感，不利於增加信任度。頭像代表了你的品味和價值，你應該透過頭像給人傳遞美好的第一印象，但是也應該注意不要用和自己真實面貌差別太大的藝術照，和現實反差太大反而會降低受眾對自己的信任度。

另外，也可以用你和名人的合影當作頭像，實現高價值的背書轉換。

3.微信號

在做產品推廣的時候除了使用二維碼，我們還會在業配文中添加微信號，方便別人添加好友，一個簡潔的微信號能方便別人快速搜索到。大多數人的微信號是一長串的字母，這樣別人在輸入的時候會比較麻煩，所以最好的方法是把自己的手機號或者QQ號設置成微信號，這樣別人在輸入搜索號碼添加我們為好友的時候就非常方便。不過需要提醒大家的是，微信號每個人只能修改一次，所以大家在修改的時候要慎重。

4.個性簽名

個性簽名是別人進入我們朋友圈後，在暱稱下面看到的一句話，一般當我們發布產品推廣或招募代理的訊息後，受眾想要購買

我們的產品或做我們的代理前，首先都會瀏覽我們的朋友圈。這個時候，用個性簽名作為暱稱的補充，可以傳遞更多的訊息。

個性簽名的目的是讓受眾增加對我們的瞭解，讓受眾更方便地找到自己，因此可以將個性簽名設置成自己正在做的業務以及聯繫方式。

個性簽名最好不要是空白或用一句心靈雞湯或者搞笑的話來做個性簽名，這些對於我們的業務都沒有什麼幫助。

5.個性訂製相冊封面

相冊封面和簽名一樣，也是別人進入我們的朋友圈後看到的內容，不過因為它占的空間大，更容易吸引到別人的注意。點進個人相冊後，首先看到的便是相冊封面，相冊封面處於個人朋友圈的最上端，占據手機屏幕一半左右的空間，視覺效果極為突出。相冊封面可以使用產品品牌、功效介紹的海報，不過畫面不可太雜亂，或者也可以使用相應產品的授權書以增加受眾的信任感。

6.所在位置

在我們發每一條朋友圈的時候，我們都可以選擇在朋友圈顯示自己的所在位置，其實這個所在位置可以根據自己的需要去設置，並不一定非要是真實的地理位置。方法是在搜索位置的一欄填寫一個搜索不到的字段，這樣微信會自動提醒我們自定義設置位置，這時候我們就可以輸入自己想要表達的訊息。如果你總是在朋友圈發各種廣告的話，可能會引起別人的反感，但是如果只在地址欄發一些有趣、實用的內容就沒有太大問題了。

各級代理如何發朋友圈

在講微信號定位的時候我們說過，不同的定位決定了不同的朋友圈內容。

在講不同級別代理如何發朋友圈的內容之前，先給大家講一下發朋友圈的頻率和時間點以供大家參考。

（1）朋友圈發布的時間為7點、13點、18點、20點左右以及睡覺前，這些時點發布容易獲得比較好的效果。

（2）數量以6~8條為佳。

（3）早上應發送正能量的訊息或者產品的專業知識，不要發廣告。

（4）文案和配圖可以提前從前一天的公眾號推播文章裡面找。

（5）產品的訊息：上午9～12點介紹產品的基本訊息和作用。每天一條廣告非常必要，不要讓別人關注你很久卻不知道你是做什麼的。廣告的訊息必須提煉產品的賣點。別人看中的不是你的產品本身而是它背後的價值。

（6）客戶見證的訊息反饋：下午2點將客戶的反饋截圖發到朋友圈，以一般客戶、名人、媒體為主，觸動從眾心理，引起羊群效應。客戶反饋能大大增加朋友圈的信任度。

（7）打包快遞的訊息：下午4點左右，一方面讓他們知道你的產品銷量不錯，二是製造緊迫感，促使客戶下單，所謂有圖有真相，如果他們都看不到你發快遞，產品再好也沒有說服力。

（8）發快遞訊息：一般快遞公司都是下午6點收快遞，可以透過發快遞過程的小影片或者照片，增加真實感。業配文中發一些

微商感悟。

（9）生活化訊息：晚上8點左右，可以發一些平時和朋友在一起的生活化訊息，多談生活，讓他們知道你對生活比較有追求，增加真實感。

（10）睡覺前可以發晚安的正能量訊息，中間可以穿插一些自己的生活趣事或者感悟等。

低級別代理應發的內容：

（1）分享自己或者家人、朋友的使用感受。最好用自己的語言加以描述，可以圍繞產品的功效來寫，並配以真實照片。也可以配上朋友或家人使用情況的截圖。

（2）分享消費者反饋。這裡的反饋包括兩部分：一部分是消費者的付款購買截圖，這一部分非常重要，因為人們大都有從眾的心理，這些付款截圖可以造成很好的效果。第二部分反饋是消費者的使用效果和感謝反饋。

（3）發布產品功效。在朋友圈發產品的功效，可以是產品功效海報，也可以是圍繞產品功效精心編輯的業配文。切忌粗暴洗版，消費者不是反感廣告，而是反感沒有創意、簡單粗暴的廣告，在編輯產品功效的業配文時可以加入一些幽默的成分，儘量降低廣告味，同時又將產品功效表達出來。在圖片上除了用介紹產品功效的海報之外，還可以加上自己使用產品或者自己拍攝的產品圖片。

高級別代理應發好內容：

（1）發布招募代理訊息。由於其主要任務是招募代理，因此每天可以發一兩條招募訊息，可以是文案，也可以是海報。

（2）發布品牌、產品功效訊息。可以發一些增加自己品牌背書的訊息，比如獲得了某項榮譽、請了哪位知名代言人等。

（3）分享消費者和代理的反饋。除了上面講的消費者反饋訊息之外，還可以發代理反饋訊息，包括文字和反饋截圖。

（4）分享團隊實力、培訓實力方面的訊息。現在同一個微商產品，往往有很多團隊同時在運營，那麼為什麼要加入我們團隊而不是其他團隊呢？面對這個問題，我們就需要發布能證明自己團隊實力的訊息，包括團隊的業績、組織的活動、資源的培訓師資等。

除此之外，還有一些朋友圈內容是各級代理都可以發布的。

（1）分享成長經歷感悟。每個人在成長的過程中都會有一些感悟，這些感悟都是你親身經歷的，可以透過文字和圖片的形式表達出來，分享給你的朋友圈好友。也許你的感悟正好和你朋友的相似，這個時候他們看了一定會有一種似曾相識的感覺，從而加深對你的印象。當然這些感悟最好是正能量的。

（2）分享生活趣事。可以把生活中遇到的一些有趣的事情或者是自己從網上找到的趣事分享出來，除了文字和圖片，還可以使用朋友圈小影片。這些內容很容易吸引別人，如果再加上自定義地址欄，就能造成很好的宣傳推廣的作用。生活趣事包括美食、旅遊、社會熱點等，這樣做可以增加粉絲對自己的信任和好感。

（3）分享你的日記、文章。在朋友圈寫日記或文章不僅可以增加粉絲對自己的認可，還可以幫助提高自己的知名度和影響力。

（4）分享專業知識。在朋友圈中，要毫無保留地分享你的專業知識，樹立一種專業人士的形象。

（5）創造話題與朋友互動討論。可以偶爾在朋友圈發布一些互動的話題討論或者小遊戲，比如熱點話題討論、有獎猜謎遊戲或一些測試等，這些都助於增加粉絲的黏著度。

溝通：讓客戶順利買單

當我們發布朋友圈，有人來諮詢產品或者代理時，我們要如何跟前來諮詢的人溝通呢？首先微商團隊的組織者應該事先針對消費者和代理可能會問到的問題，編制好「百問百答」。

大家可以把平時常用到的資料分別收藏在自己的微信裡，並分別設置標籤，針對相同問題或相同類別的內容可以設置同樣的標籤，在溝通的過程中就可以直接點開收藏，搜索到相應的標籤，然後把需要的內容發給對方。

雖然有了「百問百答」之後，我們可以回答對方問的絕大部分問題，但是需要注意兩點：第一點是看懂問題再回答，我們在回答問題前一定要明確對方到底在問什麼。第二點是對方沒問的我們不要回答，過多地去誇讚自己的產品或者回答對方並沒有提出的問題都會讓對方感到疑惑，反而不利於成交。總之，看懂問題再回答才準確，別人沒問的問題不要隨便答，要站在對方的角度來考慮問題。

前來諮詢的人各種各樣，可以將他們分為四大類，以下是這四種類型的具體情況。

（1）意向明確，可成為消費者

這類人群一般是代理的朋友，他們想購買產品支持一下好朋友或者是被產品的功效所吸引而來購買，他們無意成為微商，僅僅是

想購買使用產品。他們已經對產品有了相當的瞭解，有了非常強的購買意向，一開始溝通的時候就會詢問產品的價格如何，這時候我們就需要就產品價格進行溝通，如果有價格優惠政策也可以一併發出以促使對方購買。

（2）意向明確，可成為代理

這類人群一般會先詢問代理政策及這款產品的市場情況，這個時候我們就需要直接把代理政策發給對方，並把相關代理情況作一介紹。

（3）有意向成為消費者或代理，但是不明確

這一人群是最常見的類型，他們得知產品訊息後認為這個產品不錯，想購買使用，或者想要經銷該產品，但心中尚存有疑慮。對這種情況，要明確對方的問題，並給出相應的答案。

（4）無意向成為消費者或代理

這類人群無意購買產品或做代理，他們可能來自別的團隊，可能想要透過這種詢問方式獲取一些方法或推廣一些別的軟體，因此不必將重點放在此類人群上。

第三節 直營微商運營技巧

微商直營模式是微商三大模式中最實用的一種商業模式。

根據定位和投入程度，微商直營模式可分為以下三種：

1.傳統品牌改造現有銷售模式

筆者曾經給一個紅酒店出過推廣方案，在很短時間內快速提升

了這家紅酒店的銷售業績。那就是培訓他們的店員，不論成交與否，都把每天進店的顧客儘量加為微信好友。這樣不到半年時間，店員的3個微信號一共加了幾千人。

接著，他們每天在朋友圈分享紅酒知識、品酒技巧，偶爾也會發一些顧客的評價和成交訂單，造成刺激顧客消費的作用。同時把一些比較懂酒的顧客拉進紅酒微信群，每天晚上在群裡做一些拍賣。很快這家店的線上交易額就超過了線下的門店營業額。

2.電商商家用微信沉澱和深度發展客戶

直營微商模式是一種強關係的運營，也是傳統電商模式的有力補充。傳統電商模式重流量而不重沉澱，而微信恰好造成了很好的補充作用。

因此越來越多的電商品牌把微信個人號作為售後和深度發展客戶的渠道來經營。

顧客通常並不反感這種操作模式，如果有很好的文案策劃，還會加深顧客對品牌的認同感。如果售後服務到位，在線上有很好的互動，那麼深入合作就水到渠成了。

3.微商品牌自建直營體系

目前，微商直營模式最有威力的應用還是前文提到的自建團隊、訓練專家型服務人員、透過微信在線直接服務和銷售。這種模式尤其適合完全依靠微信營銷建立起來的新品牌。

他們通常會設立三個部門：產品部、推廣部和服務部。其中產品部負責產品研發創新，推廣部負責推廣和發展客戶，服務部負責在線服務和銷售。具體情況如下：

產品部：專門研究產品，每天從各部門蒐集反饋訊息，努力改良產品性能；同時針對服務部在服務中遇到的難題，及時提供準確答案。

推廣部：由網路推廣專家牽線，由專業網路推廣人員組成。這個部門的工作是負責每天在網路上引流，把一個個加滿粉絲的微信號交給服務部去運營。

服務部：有的公司叫做顧問部或營銷部。這是微商直營模式中的核心部門，負責對外服務和銷售。服務部由具有一定專業知識的人員組成，比如賣紅酒的一定要懂紅酒，賣化妝品的一定要懂化妝品，最好是找有一定行業經歷的人來擔任。服務部的工作就是每天在微信朋友圈創造精美文案，塑造專業形象，培養顧客認知，引導客戶消費，做好售後跟進。

微商直營模式除了以上三個主要應用方向，還有很多可靈活變通的方式，它在專業消費和服務領域尤其存在巨大應用空間。其本質就是把營銷融入消費者的朋友圈，向消費者提供更周到、更專業的服務。

對於「便利品」，可採用平臺微商模式，如消費者要反覆購買、即時購買、慣性購買，且購買時不用花時間比較和選擇的商品。但直營微商模式可以作為客戶服務的輔助，比如零食電商企業可藉助個人微信號強化客戶關係，轉化優質客戶進行深度合作。

對於「選購品」，直營微商模式就應該成為主導模式。如化妝品，因品種繁多，就需要專業人員進行專門服務，以滿足不同顧客的需求，解決不同客戶的問題。同時，還必須有接受過良好培訓的推銷人員，為顧客提供訊息和諮詢。

對於「特殊品」，直營微商模式也應該是主導模式。如工藝產品，可以進行個性化訂製或獨具特色的商品，或對消費者具有特殊意義、特別價值的商品，如陶瓷茶具、收藏品以及珠寶首飾等。

對於「非渴求品」，也就是消費者不熟悉，或雖然熟悉但平時不感興趣、不主動購買的商品，可以培訓員工開展直營微商模式，加強客戶引導和服務。

大變局
微商模式的設計與運營

第三章 裂變

第一節 個人微信號

個人微信號的價值

現在很多企業開展微信營銷,第一時間想到的就是註冊一個公眾號,搭建一個微信選單欄和第三方微商城,接著自然而然就遇到沒有粉絲、沒有轉發量的問題而導致微信營銷的工作無法進行下去。其實企業開展微信營銷之前,我們一般都會建議企業負責人先從個人微信號開始。眾所周知,目前微信營銷的主陣地就是朋友圈,那麼如何搶占朋友圈呢?有兩種模式可以進入我們潛在使用者的朋友圈:付費的朋友圈廣告和個人號,而朋友圈的廣告費用對於一般的企業來講,在其未掌握到成熟的微信營銷運營方法之前,筆者不太建議投放。我們知道目前大部分的微商基本上是使用個人號去互動交流和買賣,所以對於企業來講,個人號是企業跟使用者及粉絲最好的連接媒介,也是企業比較容易操作的平臺。

企業如何搭建微信個人號體系

根據實際的業務需要,企業可以註冊一批歸屬公司管理的個人號,做好前期個人號的基礎搭建。

針對不同的業務模式,對註冊好的個人號做角色管理,具體可

以分為售前和售後。售前應根據不同的目標客戶設置不同的內容，售後則主要包括客戶有服務、招商和培訓。

關於添加微信紛絲，主要微信內添加和微信外添加兩種方式。前者主要透過通信錄、微信群等方式達成，後者則可以透過電腦端的一些流量平臺、探索引擎門戶平臺、社交軟體、線下推廣等方式來達成。

第二節 微信公眾號

微信作為移動互聯網時代最重要的社交網路平臺之一，微信營銷也成了企業新型的營銷模式，因其成本低、門檻低、成效快的特點，讓中小企業甚至許多知名企業也紛紛開始投入它的懷抱。而粉絲和流量，是公眾號價值的基本衡量標準。如今自媒體運營以及公眾號營銷手段已經泛濫，如何有效運用公眾號並實現平臺裂變呢？

內容：把我的故事講給你聽

「內容決定受眾，受眾決定價值。」粉絲的數量和質量相比，後者大於前者。

首先要定位公眾號，根據企業品牌的屬性和使用者人群的喜好，制定和規劃公眾號內容，先從最容易的群體開始。一個知名品牌開設公眾號，最不費力氣的粉絲是它的「職員和候選人」，然後是行業內的人，最後才是社會的人。企業的公眾號離不開品牌本身，也就是打廣告，因此公眾號需要發布一些有品位、格調高的品牌動態內容，讓該企業的職員自主轉發，從而營造出一種榮譽感和自豪感；而企業的產品則因此能夠讓對此有需求的潛在客戶關注，

從而產生心動情緒，最後促成轉化。

讓很多企業官方微信號的編輯都頭疼的問題就在於硬廣告和軟廣告之間的選擇，而用故事講述品牌，以敘述手法、具象化的品牌故事和新穎的形式來體現企業的文化和傳達企業的價值觀的廣告往往能造成較好的效果。比如香奈兒品牌之所以被女性迷戀，很大程度上歸功於可可‧香奈兒女士的故事，她傳奇般的一生已經成為香奈兒的標竿品牌故事，可讀性高，讓人難忘。你可能會認為自己很難達到香奈兒這種大品牌的水準，但其實每個企業家的創業過程都有他們自己的初衷和發展歷程，其產品也是內容製造源，你不需要有世界上最獨特的產品，即使有時你的產品和個人經歷跟別人一模一樣，但只要加入一點點創意，其結果也含大不相同。

形式：簡單直接利益型與趣味互動傳播型

關注KPI指標（關鍵業績指標），提升粉絲數量，這才是企業公眾號最現實的追求。不建議購買關注量的行為，那麼如何才能做到快速吸引粉絲呢？透過公眾號策劃營銷活動能有效地形成粉絲裂變，這裡的活動分為利益型和傳播型。利益型指的是利益誘導，即採用贈送禮品的方式。傳播型指的是開發新鮮感十足、設有分享機制的小遊戲，總之，應針對潛在客戶，分析他們的需求，從獎品和形式的選擇到競爭的規則等方面策劃出能有效抓住目標人群心理的活動。

總體說來，一場效果優異的傳播活動必然包含以下幾個要素：能有效抓住目標人群心理的活動形式、激發競爭的活動設置、充滿亮點的傳播策劃以及活動的完美實施。

價值：解決人們的需求

大變局
微商模式的設計與運營

人們通常都有各種各樣的需求，並可能因此而關注公眾號，例如海淘平臺代替了找代購的需求，郵政速遞便民通解決了親自去續簽通行證的需求，「雞湯文化」、時事新聞等公眾號，則能解決人們對訊息的需求。它們為粉絲提供了更便捷的功能或有價值的訊息，包括行業價值和生活價值，不同性質的公眾號可以提供不同類型的有價值的內容和功能。

總體來説，人們會被有趣、有用、有共鳴的內容吸引眼球，但更會對公眾號獨特的購買、查詢等功能，或因某行業、某方面的訊息而對其保持忠誠。「每當要續簽通行證的時候，會想起有個公眾號可以幫我解決。」這就是一個成功公眾號所產生的價值效果。俗話説，人有一技之長才足以立身，公眾號亦如此。

四、資源：精準推廣渠道，一觸即發

一篇圖文、一次活動、一個公眾號，最終能否引起關注，取決於最後一步——能否被精準投放於相應渠道。如果説前面講述的三點是子彈，那精準的渠道則是導火線和引爆點。

為什麼我的內容這麼好，閱讀量卻這麼低？原因便是不懂得「有的放矢」。因此，瞭解使用者群體的喜好，把內容投放到所屬行業的精準渠道上，調動這批原始傳播源，才能做到「一觸即發」。

舉個例子，如何讓一個藝術展覽做到人盡皆知並讓人樂於傳播呢？

那就要充分調動和對接藝術家及設計師的資源，在藝術設計圈子中找到傳播的突破口，除了高質量的內容以外，精準的傳播渠道

更是重中之重。比如，可以在公眾號推出藝術大師們的專題報導，以其名氣引發關注；還可以藉助行業內的知名公眾號進行推播，以涵蓋更多的藝術設計者。

精準的人群具備更高的積極性，能夠讓公眾號的粉絲傳播裂變最大化，因此新成立的企業公眾號應該根據所在行業屬性和針對的人群屬性，來選擇內容的投放渠道，找到活動的突破口。

總結：定位＋運營＋執行＋學習

（1）公眾號的定位決定了整體方向，其成功60%在於定位，40%在於執行。

（2）運營過程中，要縮小試錯的範圍，尋找突破口，形成企業自身運營系統。

（3）執行為本，高層推動，中層主導，全員配合推動。

（4）持續投入學習，耐心耕耘，不斷總結提升。

有位知名人士曾經說過：「做傳播、做媒體、做內容的話，前PC和PC時代都是文圖，紙媒就是文字加圖片。現在是移動互聯網的時代，所謂的可視化，以前使用者接收訊息，是靠眼睛和大腦，現在是靠觸覺、聽覺等各種感受。」

第四章 粉絲社群

第一節 粉絲價值

美國科技觀察家凱文·凱利曾經提出了「一千忠實粉絲」理論:任何創作藝術作品的人,只需擁有1000名忠實粉絲便能餬口。

而隨著移動互聯網的發展、訊息的對稱分布,越來越多有才華、有知識、有態度的人在互聯網這個開放式的平臺上面得到了充分的展示和暴露,而由此產生了擁簇他們的群體,即粉絲。

微信的品牌廣告語叫做「再小的個體也有自己的品牌」,這句話很好地詮釋了網路社交媒體的未來使命,即「為粉絲而生,為互動而生」。

而基於移動互聯網的「粉絲經濟」現象可以說是層出不窮。2015年,某公眾號就透過其平臺上的幾百萬粉絲實現了「書籍銷售額超億元」。

為何金融和自媒體都如此看重粉絲並且藉助粉絲獲得了「逆襲」呢?粉絲的價值有哪些呢?一般來說,粉絲有如下四個價值:

(1)歸屬

粉絲對於品牌具有非常強烈的歸屬感,這種歸屬感跟過去工業

時代依靠產品來圈住客戶是有非常大的區別的。粉絲往往是認可了品牌或價值觀才凝聚在一起的，而這樣的價值認同，為品牌和粉絲的長期良性互動提供了很好的基礎。粉絲的歸屬會產生相應的效益，無論你走到哪裡，你的忠實粉絲都會跟著你去哪裡。

（2）反饋

過去的產品工業時代，我們往往是先有產品，然後再有各種品牌策略、推廣策略、渠道策略等，把產品推銷出去，我們稱之為B2C模式。而在移動互聯網時代，我們更多追求的是C2B模式，也就說客戶、粉絲既是我們產品的消費者，又是產品的設計者、改善者和推廣者。在粉絲經濟條件下，產品和供應鏈是隨著粉絲的需求而調整的，品牌方甚至可以根據粉絲群的意願來設計產品及產量，品牌方可以先收到預付款及知道需求量後再生產產品，實現自下而上的零庫存模式。

如果大家有印象，應該記得早期小米手機的銷售是先給粉絲派發F碼，有F碼的人才有資格去搶購小米手機。當時的F碼，有人甚至炒賣成500元一個，這種就是很典型的C2B模式了。

（3）傳播

粉絲往往是我們品牌的口碑傳播者。有了粉絲基礎的品牌，在推出新品或者做市場活動的時候，會更加容易實現產品的第一波推廣。互聯網時代就是口碑營銷時代，而口碑的起點，往往是從我們粉絲群體的傳播開始的。

（4）裂變

粉絲是每一個企業和個人的「種子使用者」，在種子使用者的

引導下，在一定社群活動的運營下，粉絲會帶動更多的粉絲進入相同的圈子，從而壯大品牌的粉絲基數和外圍力量。

粉絲經濟在近年得以快速發展，是有其必然原因的。

一方面，從宏觀經濟角度來看，隨著人們人均收入的增加，大眾的消費心理需求也逐步走向高端層次，在他們解決了自己的剛性需求之後，社交歸屬成了首要的訴求。而粉絲社群的參與則很好地滿足了大眾的這一需求。

另一方面，隨著移動互聯網網速的提升和上網硬體設備的改進，使用者有了技術基礎，使其可以實現快速的連接和交流，讓客戶的聚合、交流變得隨時隨地、簡簡單單。

第二節 粉絲的分類

從粉絲的類別上看，目前粉絲主要有如下幾大類：

（1）產品型。顧名思義，就是因為產品或者某一項技術而圍繞在一起的粉絲群。比較典型的就是小米手機的粉絲了，另外，像蘋果、特斯拉這些品牌，都是因為紮實的產品力而凝聚了不少的粉絲。

（2）興趣型。這一類主要是基於某種特定行為而聚集在一起，比如我們平時看到的騎行俱樂部、舞蹈俱樂部等。

（3）明星型。這一類是因為名人、「網紅效應」而聚集在一起的粉絲。

（4）社群型。這一類是基於活動區域而形成的粉絲社群，比

如社區裡的業主群，公司的工作群。

（5）情感型。這一類是因共同情感歸屬而聚集的粉絲群體，比如同學群、老鄉群等。

（6）價值觀型。這是因為某種倡導的價值觀而聚集在一起的粉絲群體。比如因為追隨「有種、有趣、有料」的價值觀而聚集在一起的粉絲。

無論是哪種類型的粉絲，他們都有一個中心人物，都有一個共同目標。對於企業而言，大部分做的都是產品型的微商粉絲群。下一節將對這一部分進行分析。

第三節 粉絲的運營轉化

粉絲運營的關鍵就是經營粉絲的時間。

很多人在經營粉絲的過程中急功近利，於是很難獲得成功。目前粉絲的經營，其關鍵點在於誰能搶占粉絲的時間。當前的商業競爭，由過去的行業競爭轉變為今天的使用者時間競爭。例如，電影和書籍看起來是兩個互不相關的行業，但是我們細細思考，如果一個人在週日的下午選擇看一部電影，他就沒辦法去好好讀一本書了。所以，未來的商業競爭力體現在粉絲時間的「占據力」。又比如為什麼微信這麼厲害呢？歸根結底也是因為微信搶奪了我們幾億人的時間和注意力。如果企業有了使用者和他們的注意力，那也就不用擔心商品的運營了。

常見微商群體有如下幾種：

專家型：美容師、化妝師、醫生、老師、手工藝工匠等。

銷售型：不太具備產品專家特質，但是具有很強的銷售能力和消費者心理捕捉能力，通常可以成為微商培訓老師。

社交資源型：家庭主婦、辦公室白領、大學生、公務員等。

一般來說，粉絲的運營有四步：

1.「定位引流」

做任何事情之前，我們都需要做到謀定而後動。粉絲社群運營也是需要定位的。首先是人群的定位，人群的定位是由你的微商產品所決定的。人群的定位基本就是產品的潛在消費者或者是相應有資源的分享者。

做好了定位之後，我們需要選擇一個社交平臺工具來做社群的運營。比如微信群、QQ群，此處一般選擇微信群，因為它擁有目前最大的流量。

那麼有了人群定位和平臺選擇之後，我們就要想辦法做引流工作了。目前來說，微商粉絲群引流主要有兩個途徑：直營微商和渠道微商多用個人號進行引流，而平臺微商主要透過公眾號引流。

一般來說，微信群的壯大可以分為幾個步驟：

（1）利益誘導。比如透過公眾號推播或者個人號將人引導進入微信群。

（2）首批助推。有了利益誘導內容之後，我們需要調動首批人員來幫我們做推播，比如我們的員工、微商團隊裡面的成員等。

（3）裂變發展。我們通常會採用裂變遊戲來壯大群的成員。

（4）群的複製。為了擴大影響力，有時候我們要有多群建設的意識，將一個群發展壯大的經驗應用到多個群裡。

2.互動內容

我們常說互聯網時代是「內容為王」的時代，對於粉絲社群的運營，內容對於粉絲的留存是至關重要的。對於微商粉絲群來說，內容則體現在我們為微商團隊準備的銷售材料是否充分有力上。

對於粉絲社群運營，一般需要準備以下內容。

（1）社群規則。即進入社群的規則紀律和行為準則。一般包括：群的定位作用、准入門檻、命名法、限定內容、違規辦法等。

（2）社群領袖。每個社群都需要有意見領袖，才能調動社群的發展和活躍，意見領袖發表的內容往往也會引起群內的討論和互動。

（3）紅包娛樂。紅包是微信裡面一個重要的功能，恰當地應用紅包，對群的激活有非常明顯的作用。紅包的金額、數量、發放的時間點等都非常重要。紅包也要用在點子上，不能胡亂發。

（4）內容素材。對於微商社群來說，群裡的內容要有專業的內容部門來進行創作的梳理。

3.活動激活

一個社群，除了需要有正常的內容運營，我們還需要有不斷的活動。活動分為線上活動和線下活動兩種，一般粉絲社群的運營需要經常舉辦線下的活動。

一般來說，線下的活動大部分是一些分享會。分享什麼呢？很

多人苦於沒有內容去做線下活動，其實很簡單，我們就從分享自己最熟悉的本行業開始。每個人都有自己擅長的領域，那麼這些領域在外人看來是比較新鮮有趣的部分，就可以拿來做分享。

4.轉化變現

每個經營粉絲社群的人，最後都需要思考怎麼變現的問題。

那麼，對於粉絲社群，目前變現的主要方式有：

①粉絲社群內部盈利；②社群的信任代理；③高級盈利模式。

大變局
微商模式的設計與運營

第五章 PC 互聯網營銷

第一節 網站打造，企業在PC端的營銷平臺

如何看待一個企業網站的價值？

網站作為企業的重要資產，它的價值取決於我們如何看待和呵護它。一般來說，一個網站的價值取決於以下幾個因素：

第一，企業網站的價值取決於企業對網站和網路營銷的重視程度。

企業建設網站是為了什麼？是跟風擺形象，還是真正想為企業打造一個能帶來業務、能賺錢的平臺？這些問題的答案決定了企業網站的地位。在實踐中，很多企業建立網站時並沒有清楚的營銷目標，只是簡單地展示形象，甚至只是跟風。這是對網站作用的理解不夠透徹的緣故。

第二，企業網站的價值取決於企業在網站上投入的心思和資源。

在選擇服務商進行網站購買的時候我們常常會見到這種現象：企業不審視網路公司所提供的網站質量和水平的差異，而直接以價格高低作為選擇和衡量的標準。事實上，不同水平的網路公司所做的網站，其價值和潛力可能有天壤之別。為了貪圖便宜而購買的網

站往往存在很大缺陷，會給企業推廣及應用造成很大的障礙和後遺症。

企業網站的價值還取決於企業投入的精力。我們常常見到這樣的企業網站，它們在被建設之後就很少得到更新，甚至從網站界面上的訊息發表時間就能判斷這個網站做了多久，很多網站從開通那日起就從來沒有更新過。這樣的網站，即使出自專業網路公司之手，也不會有多大的價值。相反，一個經常更新維護，凝聚了企業負責人很多心血的網站，其本身的價值是無法用金錢來衡量的。

第三，企業網站的價值取決於它的推廣效果和能帶來的好處。

真正的好網站要能做到推廣到位、功能完善、維護得力、內容豐富，這是企業最寶貴的資產，是企業最得力的業務員，是企業對內和對外的重要營銷平臺，它的價值是不可估量的。

互聯網上只有一個勝利者

「互聯網上只有一個勝利者」是指在企業網路營銷競爭上，面對客戶同時打開多個網站的競爭機會，最後只會有一個贏家，即客戶最終只會在你和你的幾個同行中選擇一個來合作。

因此，企業在開展網站建設的時候就必須要有良好的競爭意識，即企業的網站建設水平和網站內容必須超越競爭對手。只有這樣，才能夠在競爭中得到客戶的認可。企業網站建設必須做到：當客戶同時打開多個網站進行對比的時候，一眼就相中你的網站；當訪客停留在網站上的時候，立刻就喜歡上你的這家企業，並快速找到其需要的產品；當訪客產生購買慾望的時候，可以在網站上感受到這家公司的信用、品牌和實力。

一個企業網站到底做到什麼程度才是合格的呢？那就是要做得比主要的競爭對手都好。

在實際操作中，我們經常看到一些企業在製作網站的時候，馬虎應付，甚至一味追求低價格。當企業在網站建設的時候，有想儘量節省、隨便一試的想法的時候，企業的網路營銷就已經輸在起跑線上了，因為企業網站是企業網路營銷的基礎。

幾乎所有和你第一次合作的人，都會在網路上搜索你的訊息。而你的網站就是他們搜索的第一目標，這家企業的網站做得怎麼樣、內容如何、傳遞的什麼訊息、達到了什麼境界，每一個細節、圖片和錯別字，都將形成他們對企業的第一印象。因此，網站建設馬虎不得。

很多人在網路營銷上存在不切實際的夢想。比如，很多企業試圖以最便宜的網站來表達企業線下數百萬元以上的資產，然後又希望以這樣低端而簡單的網站來打動網路上能夠給他們帶來幾百萬元訂單的客戶，這實在是不現實的想法。

什麼樣的網站是真正的好網站？那就是比競爭對手更好的網站。比競爭對手更好，不只是眼前要比他們好，還必須要有一定的前瞻性和高度，要讓競爭對手在儘可能長的時間內無法超越自己做的網站。如何達到這樣的水平呢？那就是策劃，在知己知彼的同時融入充分的營銷元素。

第二節　內容營銷，筆桿子裡出品牌

豐富網站內容，讓訪客滿意

網站建設之後的網站內容更新非常重要，因為網站內容是企業網站運營的核心工作和根本所在。這裡我們單從互聯網的實際應用方面來分析。

首先，網站訪客希望網站有新內容和好內容。試想，當我們經常去瀏覽一個網站或者向別人推薦這個網站，一定是因為這個網站的內容吸引了我們，並且覺得它能滿足我們某一方面的需求。同時，這個網站上的內容還必須時常更新，只有這樣才能有新意，值得我們回頭反覆瀏覽。

因此，要真正地做好一個網站，實現真正把企業網站打造成企業重要的營銷平臺和不斷增值資產的目標，必須盡企業所能不斷完善和創新網站內容。這就好比一個餐館，不但要有好菜，還必須不斷推出新菜式。只有這樣，食客才會不斷光顧，並形成良好口碑。

其次，必須站在搜索引擎的角度來豐富網站內容。

對於一個新網站，80%的流量來自搜索引擎，而要讓搜索引擎為你帶來真正好的流量，就要讓你的網站在搜索結果中排名靠前。

內容營銷出品牌

在互聯網時代，企業應如何快速打造自己的品牌？其中最重要的一個渠道，就是用好「筆桿子」，即做好內容營銷，因為內容營銷是互聯網營銷的核心環節。

互聯網是一個訊息大平臺，也是如今人們獲取訊息的重要渠道。作為企業和品牌，在互聯網上一定要有你強勁的聲音。

一篇好的文章可以帶來大量潛在客戶，省下不少廣告費用，甚至帶來較高的收益。

同時，我們還可以採用內容營銷的方式來做招聘。有時，文章帶來的不只是應聘者，還有很多合作的商機。

誰的聲音大、誰說得有道理、誰的口碑好，誰就容易獲得消費者的支持。當今的時代，已經由「你說我信」走進了「你說我證」，在這個年代，我們必須做得足夠好，讓老客戶信服，還要說得足夠好，讓潛在使用者也信服。

遺憾的是，大部分的企業根本不重視這一點。

其實可以理解，這個年代中的大部分人經受不了默默的付出，都想一針見血，快速成功，能夠靜下心寫東西的人實在太少，正因為如此，「筆桿子」才顯得難能可貴，效果也更加明顯。

新網站如何快速收錄和提升排名

我們常會遇到這樣的問題：網站開通並推廣好一段時間了，為何排名仍未見起色？這類問題的原因歸根到底只有一個：細節。忽略了細節，就會像老話說的那樣「小事不做，大事難成」。那麼對於新網站，在網站開通前後應該做好哪些細節呢？我們不妨做以下幾點分析：

第一，寫好網站的標題，為網站找一個精準的定位。

網站標題的重要性常常被忽略。如果說網站是龍，那麼標題就是龍的眼睛。寫好網站標題，就是畫龍點睛。

正如一個娛樂圈的新人在進入娛樂圈之前，首先就要找到自己的定位，比如是偶像派還是演技派，主要競爭對手是誰等。

網站的定位也是這樣，必須先找到自己的定位。值得強調的是，在網站標題定位選詞的時候要避免太熱門的關鍵字，而應找到

精準的關鍵字。

第二，高質量的穩定外鏈對提升收錄和排名效果明顯。

一個剛出社會的新人如何迅速被社會接納，甚至快速進步呢？名人、實力派人物的引薦無疑是最好的捷徑！

網站也是這個道理。一個網站要快速得到搜索引擎的認可，最好的捷徑就是為自己找幾個穩定的「後臺」：高質量網站的穩定友情鏈接。

第三，穩定的網站空間忽略不得。

穩定的網站空間是保障網站排名的重要因素。搜索引擎非常重視使用者體驗，如果你的網站因為受到空間質量的影響，訪問速度緩慢，使用者還沒打開網站就關掉走人，或者每打開一個頁面都要等待很長時間，那麼你的網站別說排名上不來，即使上來了也會很快下去。

第四，對於新站來說，要想獲得好排名，原創內容是重中之重。

新網站如新人，沒錢、沒勢、沒有影響力和粉絲。那麼要出名，除了要有人推薦（外鏈），還得有最重要的東西——才華。網站的才華，就是你的原創內容。

原創內容並不是自己寫的就行，更重要的是你寫了之後，使用者和訪客要喜歡。會唱歌的人有很多，但唱後有人熱烈鼓掌，甚至願意出錢買唱片，那才有可能成為明星。

網站原創內容好比明星的才華，越有內涵越好！

第五,網站的內鏈也有無可替代的作用。

一個網站有好的內鏈,可以方便訪客快速找到需要的內容,並深入瞭解網站相關訊息,這對提升使用者體驗和網站排名有很大的意義。

第三節 SEO優化,不出現等於不存在

SEO是什麼?

SEO,在PC互聯網時代,是很多企業在選擇網路推廣方式的時候首先考慮的產品。那麼SEO到底是什麼,本節試圖從多個角度說明SEO的意義和重要性。

1.SEO的定義

SEO(搜索引擎優化,Search Engine Optimization),是當前全球較為流行的網路營銷方式,主要目的是針對特定關鍵字提升網站的排名,以增加網站的流量,進而增加銷售的機會。

2.SEO的主要工作

SEO工作者,也稱SEOer,他們是一群研究搜索引擎排名規則的人。他們透過選擇網站關鍵字、調整網站結構、增加和調整網站內容等方式,使網站得到訪客的好感,進而被搜索引擎認可,最終提升網站在搜索引擎中的排名。

3.SEO的現狀

(1)在知名搜索引擎上,幾乎各行業的搜索結果的首頁上,甚至前幾頁中,排名靠前的網站基本都是靠SEO工作者做上去的。

（2）在深圳，很多企業負責人會花較高的學費去參加一些「網路營銷總裁班」，而最終學習到的基本內容都是SEO的重要性和相關知識。

（3）在中國，SEO正在成為網路營銷行業的骨幹力量和主要服務者，成為企業網路營銷的主要選擇。很多企業會選擇物美價廉、按年收費的SEO，而放棄或削減按點擊付費的搜索引擎的競價排名。

4.SEO的好處

（1）讓訪客喜歡你的網站。透過修改網站的框架和內容，使每一個訪問網站的人都覺得輕鬆快捷，可以迅速找到需要的內容。概括來說，就是提升網站的使用者體驗。

（2）讓搜索引擎喜歡你的網站。網站要做給使用者看，也要做給搜索引擎的軟體看。讓搜索引擎的軟體在來訪的時候，能夠找到需要和喜歡的新鮮內容，進而給網站更好的評價和信任。

（3）增加網站在搜索引擎上的收錄，提升網站排名，最終提升網站流量和在線銷售額。

5.SEO的核心是什麼？

SEO的核心就是讓你的網站被使用者和搜索引擎認可。

6.作為企業，應該如何看待SEO？

企業要足夠重視SEO，讓SEO為企業服務。

7.SEO服務的主要內容和流程

（1）協助客戶選擇關鍵字；

（2）對網站關鍵字進行布置；

（3）優化網站標題和描述；

（4）內頁與首頁的鏈接處理；

（5）文本命名優化；

（6）網站圖片優化；

（7）網站友情鏈接處理；

（8）標準的網站程序優化；

（9）網站結構優化；

（10）網站頁面的延續性；

（11）網站向搜索引擎提交；

（12）增加外部鏈接；

（13）搜索引擎算法與網站後期維護。

SEO的根本是使用者體驗。

SEO業界有一句名言——「內容為王，外鏈為皇」，這句話被很多SEOer奉為真理。並且由此延伸出很多理論，有些人甚至把SEO技術描述得非常神祕。莎士比亞說：一千個讀者心中，有一千個哈姆雷特。大約在一千個SEOer心中，也有一千個關於SEO的註解。SEO從根本上說只有一個需要關注的問題，那就是網站的使用者體驗。

什麼是使用者體驗？使用者體驗就是使用者對網站實用性的心理感受。它主要體現為網站的內容、美觀度和功能結構。訪客在訪

問網站之後，能夠非常快速地找到其需要的內容，並在這個過程中感覺到便捷和愉悅，最後感到滿意且對網站的印象深刻，願意收藏網站並經常回訪，甚至介紹給別人，如果能做到這步，那麼這個網站就具備了非常好的使用者體驗了。

搜索引擎通常會傾向於這些使用者體驗高的網站。筆者認為，搜索引擎最關心的永遠是它的使用者。哪個網站能夠向搜索引擎使用者提供滿意的內容，搜索引擎就會增加它的收錄，提升它的排名。

什麼樣的SEO技巧最能提升我們的網站排名呢？ Google（谷歌）公司的員工經常會被問到這樣的問題，而他們說到最後往往就是一句話：假如沒有搜索引擎，你還會不會這麼做？你會怎麼做？

假如沒有搜索引擎，所有人都會努力改善自己的網站，豐富自己網站的內容，爭取越來越多的客戶回訪，形成更好的口碑。筆者認為，這就是SEO的核心和根本。如果真的做好了使用者體驗，SEO就不是問題。抓住了使用者體驗這個根本，即使不那麼注意SEO技巧，即使網站外鏈不是那麼多，網站也會有不錯的排名。

那麼，如何衡量一個網站的使用者體驗呢？筆者認為有三個指標：頁面瀏覽量（PV）、頁面停留時間和跳出率。

1.PV，即頁面瀏覽量或點擊量

高手對PV的解釋是：一個訪問者在1天內（0點到24點）到底看了某一個網站的幾個頁面。PV對於網站，就像收視率之於電視，從某種程度上已成為投資者衡量商業網站表現的最重要因素。PV的高低說明網站內容相關度的大小，PV越高說明你的網站內容

和訪問者的需求非常貼近，訪問者到來之後不只看了一兩個頁面的內容，而且對其他頁面的內容也很感興趣。

2.頁面停留時間

頁面停留時間是指訪客透過搜索關鍵字進入網頁之後停留的時間。訪客在我們的站點上花越多的時間往往就意味著網站的黏著度越高。網站為訪客提供了更有價值的內容和服務，我們得到轉化訪客價值的機會也就越多。

3.跳出率

跳出率指僅僅訪問了單個頁面的使用者占全部訪問使用者的百分比，或者指從首頁離開網站的使用者占所有訪問使用者的百分比。跳出率的高低是進行網站分析的一個重要指標，通常用於評估網站的使用者體驗，可以用於指導網站以及頁面的改善。跳出率越高說明該網站對訪問者的吸引力越低，當跳出率達到一定程度時，就說明網站需要做些優化或者更新頁面了。

科學選詞是推廣成功的開始

在專業機構向企業提供的SEO服務中，大致有兩種服務方式：一是指定特定關鍵字的優化服務；二是以套餐形式，提供多個關鍵字的全站優化。這兩種方式的利弊如何，筆者做了一個比較：

1.指定關鍵字的報價通常比套餐服務的報價昂貴

由於指定的關鍵字通常都比較熱門，加上指定之後優化針對性太強，為避免留下太明顯的優化痕跡而被搜索引擎發現，正規的SEO公司通常不敢太多直接優化這個詞，而必須透過提升網站權重，結合側重這個關鍵字的做法。因此，專業機構報出來的價格往

往並不便宜。

而SEO套餐顧名思義，通常是多個詞結合打折的優惠套餐。加上多個關鍵字有利於優化公司搭配，優化痕跡不明顯，而且能夠結合整個網站進行全站優化，因此對比起來，價格要實惠很多。

2.指定關鍵字，如選擇不當，必定影響效果

很多選擇指定關鍵字的客戶都喜歡選擇熱門關鍵字，以為這樣的詞彙搜索量大，效果就會比較好。但實際上，真正的潛在客戶通常都不搜索行業最熱門的詞彙。

因此，在選擇制定關鍵字的服務時，如果選擇不當，不但費用高昂，而且效果往往也會大打折扣。

而套餐服務則可以選擇多個關鍵字，精準定位。那些看似不「熱門」的關鍵字如果定位準確，一旦帶來客戶，就會是十分精準、合作意向很高的客戶。

3.指定關鍵字容易顧此失彼和「只見樹木不見森林」

互聯網上，每天都有本行業各個階層的人以不同的手法和方式在搜索引擎上搜索訊息。如果我們只指定某個關鍵字，那麼無疑會將自己鎖定在只搜索該關鍵字的人群中。而當我們作為廠商想當然地認為客戶也會這樣搜索的時候，往往就大錯特錯了。

根據我們的研究結論，直接搜索「推廣軟體」的往往大多是本行業的IT人士，而搜索「推廣軟體哪個好」的基本都是潛在使用者。

筆者認為，企業在開始SEO優化的時候，一開始就把眼光盯緊在某個關鍵字上，是「只見樹木不見森林」的表現。

4.選詞是SEO成功的開始

筆者一直強調科學選詞，綜合方案，全站優化。選對關鍵字是企業SEO成功的開始，甚至可以這樣說，關鍵字選得好，企業的SEO就成功了一半。企業選詞要遵循以下幾個原則：

（1）關鍵字不是越熱門越好；

（2）準確把握潛在客戶的搜索習慣；

（3）地區性關鍵字往往更有針對性；

（4）問答式關鍵字引導得好，能帶來高質量客戶；

（5）選擇多個關鍵字時，注意關鍵字之間的關聯性；

（6）不要忽略長尾關鍵字的潛在價值。

常年排名靠前的唯一祕訣

所謂「拳不離手，曲不離口」，做一個SEOer，一定要有毅力。

當今天下，能人眾多，但筆者一直最佩服一位常自稱「讀書人」的先生。先生的書讀得極好，堪稱博覽群書，學富五車。他在大學教書的時候，學校圖書館有一個要求，就是凡是讀過這本書的人都要在借閱卡上簽字，而那時候同學們都有一個印象，就是幾乎在每一本書上都能看到先生的簽字。

先生有很多頭銜，不過，他自己最為珍視的頭銜卻是「讀書人」。別人介紹他是一位學者的時候，他常常立即更正：不，只是一個讀書人。先生曾經說過這樣一段話，給了我很大啟示，他說：「別以為『讀書人』僅僅是一種謙遜，真正稱得上是讀書人的，恐

怕沒幾個。讀書人實際上就是專注某一項工作的人，與偶爾的讀書不同，就如偶爾的炒炒菜並不能稱為廚師一樣。」

偶爾炒炒菜的人，並不能稱之為廚師，偶爾寫寫文章的人，也未必就是一個合格的SEOer。當一個比較熱門的關鍵字排名搜索引擎首頁之後，某種意義上便代表著搜索引擎對我們前段時間工作的肯定。但是，網站排名上來之後並不意味著就可以高枕無憂了，實際上，保持排名的穩定要比提升排名難得多，因為排在後面的人和還沒上來的人一直在發力，他們一直對你所在的位置虎視眈眈呢！

網站排名靠前，意味著你過去一段時間的工作是正確的；而要保持排名一直靠前，除了正確，還需要有毅力反覆執行正確的方法。一直比後面的競爭對手正確，一直比後面的對手執行更到位，而最好的方法就是保持原創內容，最好的堅持就是保持天天原創。

筆者發現，其實寫文章是一件很有趣的腦力勞動。書寫是為了更好的思考，我們平時越是不書寫，就越是覺得沒有內容可以寫。但當我們坐在電腦前，對著鍵盤逼迫自己將不成熟的想法敲出來的時候，看著自己寫的內容，再試著進一步拓展，總是能讓自己在理性的道路上走得更遠。

胡適先生曾說：「成功不必在我，而功力必不唐捐。」對我來說，網站排名推廣除了要靠自己努力，還要關注競爭對手的努力情況，更要看搜索引擎的心情，不要奢望每一點付出都能得到回報。有時候辛辛苦苦寫了一兩千字，第二天一查，卻根本沒有被收錄，這是常有之事。但是，這樣的寫作提升了我的思維活躍性，加強了專業知識的學習，也進一步積累了成為一名真正「廚師」的經驗，也許這就夠了。

SEO之後，還需要做競價嗎？

企業做了SEO之後，還需要做競價嗎？筆者常常遇到客戶問起這個問題。其實，很多朋友只知道筆者是一個SEOer和網路營銷愛好者，卻不知道筆者曾經的另一個身分，那就是百度競價排名曾經的合作夥伴，因此筆者對SEO和競價排名有一點自己獨特的體會。

筆者一直認為，競價和SEO各有優勢，可以且應該綜合地、靈活地為企業網路營銷服務。眾所周知，百度競價排名的最大缺點是費用高，而最大的優點則是見效快。因此，在企業開展搜索引擎營銷的時候，我們應該充分利用競價排名的特點，靈活駕馭，讓它服務於企業網路營銷。那麼，如何把競價排名和SEO完美結合起來呢？

第一，先做SEO，後做競價排名。

SEO的優點是費用合理，任意點擊不產生費用。因此對企業來講，能夠透過SEO優化達到首頁效果的肯定要先用SEO實現。但我們也知道，在SEO優化中，每個網站所能承載的關鍵字是有限的，關鍵字的添加並不能隨心所欲；有時候會出現一些詞我們想做上去，但網站已經無法承擔的情況。這個時候，我們就可以藉助競價排名，直接投放這些詞的競價廣告。

第二，SEO需要循序漸進，取得排名效果需要一定的週期，而競價排名可以馬上生效。

SEO優化通常需要1～3個月的時間，透過逐步推進把企業關鍵字做上百度首頁。而競價排名則生效很快。因此，在季節性短期促銷階段或其他需要快速做某個關鍵字的廣告的時候，競價排名就是

一個很好的補充。

第三,在高峰期和重要關鍵字上,可採用SEO與競價排名同時投放的方式,突出效果,抓取機遇。

有時候,對於一些特別重要的關鍵字,當我們希望達到最佳廣告效果的時候,希望抓取最大的流量和商業機會的時候,就可以採用「SEO+競價排名」同時投放的方式,同時占據搜索引擎首頁的兩個位置。

第四,當企業面向多個城市時,大城市做SEO,小城市做競價排名。

當業務同時面向多個城市的時候,大城市的關鍵字做SEO,小城市的關鍵字做競價排名。因為大城市流量太大,如果做競價排名的話,費用太高。而小城市偶爾只有幾個點擊,完全可以用競價排名的方式購買。(當然,長久的方式還是開設面向這個城市的分站,然後做SEO)。

總之,企業網路營銷應該綜合多種推廣方式,以SEO為主,然後靈活結合推廣軟體和競價排名等方式。只有整合各種推廣方式,把它們的優劣勢靈活結合起來,才能最大化地體現出網路推廣的無窮力量。對於競價排名,只要駕馭得當,也完全可以為企業網路營銷創造很好的效益,成為SEO的有力補充。

第四節 站群營銷,讓訊息無處不在

魚塘理論的應用

什麼是魚塘理論？魚塘理論就是把客戶比喻為一條條游動的魚，把客戶聚集的地方比喻為魚塘。魚塘理論認為，企業應該根據企業的營銷目標，分析魚塘裡面不同客戶的喜好和特性，採取靈活的營銷策略，最終實現整個捕魚過程的最大成功。

魚塘理論非常適合於指導企業網路營銷。

1.魚塘理論應用於搜索引擎營銷

比如在搜索引擎營銷方面，我們可以把百度比喻為一個很大的魚塘，把企業的網站理解為一條釣魚的船，把網站上有價值的訊息理解為一片片魚餌，把潛在客戶看作是有各種喜好的魚。那麼，在這個魚塘中，我們如何釣到最多的魚呢？

首先，我們必須明確「釣魚」的目標，明確企業網路營銷的主要市場定位：針對什麼樣的客戶群，本次「釣魚」行動主要想釣什麼樣的魚。

其次，在確定市場定位後，針對這個市場投放大量高質量、有誘惑力的魚餌。這些「魚餌」就是網站內容，是網站上一條條針對性很強的高質量訊息。這些訊息被發表在網站上，進而被搜索引擎收錄，投放到「魚塘」裡面。當我們的魚兒——潛在客戶搜索到這個魚餌的時候，就會迅速「上鉤」，訪問企業網站。

在有明確市場定位的情況下，投放的魚餌質量越高，數量越多，形式越是多樣，越有利於企業在搜索引擎的汪洋大海中，釣到各式各樣的魚，並最終取得企業搜索引擎營銷的最大成功。

2.魚塘理論應用於其他網路營銷渠道

搜索引擎是最大的魚塘，但除了搜索引擎這個大魚塘，在互聯

網上，還有其他大大小小的魚塘。這些魚塘體現為各種論壇、部落格、QQ群、分類訊息網站、微博、微信等網路交流平臺。

企業網路營銷要取得最大的成功，就必須廣泛撒網。向各大魚塘投放廣告訊息作為魚餌，讓這些交流平臺上的潛在客戶隨時隨地看到你的企業訊息，並最終成為上鉤之魚，與企業合作。

當然，魚塘理論最大的不足就是把客戶比喻成「魚」。商業合作講究的是雙贏，當然與真實的釣魚不同。在網路營銷中，客戶找到高質量的「魚餌」，是其購買成功的開始。

一家企業可以擁有多少個網站？

一家企業做多個網站是否更好？

記得半年前，筆者曾經寫過一篇文章提到過這個問題，當時筆者的觀點是：網站，尤其是排名靠前的網站，是企業最寶貴的資產。而現在再來回答這個問題，卻覺得有幾點需要補充：

第一，排名靠前的網站多多益善。

排名靠前的網站自然是越多越好。別說多個，有一個排名不錯的網站就是很多企業夢寐以求的事情了。在優秀的運營推動下，一家企業擁有多個排名靠前的網站是完全可能而且可行的。

第二，網站需要精力維護運營，要量力而為、分步建設。

有多少精力就運營多少個網站。我們必須知道，要把企業網路營銷做好，必須找專業的運營團隊負責，投入相當的精力維護和更新網站。企業如果要建設多個網站，必須考慮自身的精力是否能夠有效維護這些網站。如果精力有限，不如先做好一個，集中精力先把一個網站做到極致，然後在精力允許的情況下，再考慮做下一

個。

第三，不同的業務方向，可以而且應該分開建設網站。

在精力和資源允許的情況下，企業可以並且應該擁有多個網站。但是每個網站的定位都應該清晰。比如一家企業擁有多個不同的業務，可以根據業務方向建設多個網站，然後由相應的業務團隊維護運營。

第四，同一業務方向，可以同時擁有形象展示網站和營銷型網站。

企業網站分為形象展示網站和營銷型網站，一家企業可以同時擁有這兩種網站。形象展示網站以展示企業品牌形象為主，不需要太多精力維護，而營銷型網站側重推廣，兩者結合起來便可以打造出更完美的網路營銷。

第五節 網站效果評估與策略調整

此處不妨來談談如何提升網站的轉化率。常有客戶來諮詢這樣的問題：為何企業網站排名不錯、流量不錯，而諮詢和訂單卻很少？為何做了不少網站推廣的廣告，效果卻始終不夠理想？為何我的競爭對手排名和我差不多，投入也不比我多，而效果卻比我好那麼多？

記得有一個客戶把自己的網站拿給筆者分析。他很自豪地告訴筆者，他每年在競價上投入三十多萬元的廣告。筆者問他透過競價推廣每天能帶來多少IP，他說不知道。又問他每天帶來多少諮詢電話，他說二三十個吧。再問每月成交多少，回答我的也是模糊的答

案。筆者最後告訴他，一定要把數據搞清楚，然後分析數據，改善策略，只有這樣才能夠不斷提升廣告的轉化率，進而達到既節省費用，又能提升營銷效果的目的。

一個網站透過一系列的推廣帶來不錯的流量之後，另一個更重要的事情就是如何轉化這些流量，讓潛在客戶成為我們真正的合作客戶。這就是網站的轉化率問題。

對於前面客戶提到的那三個問題，究其原因，大多都是出在轉化率上。可以這樣說，轉化率是決定網站盈利與否的關鍵因素。一個網站轉化率的高低，是衡量一個網站運營水平的最重要的指標。它取決於兩個方面的因素：

一是網站的客服水平。優秀的客服人員不但對提升網站的轉化率起著很關鍵的作用，還可以深挖客戶需求，提升單個客戶的交易額。

二是網站的營銷策略。只有當我們網站的營銷元素做得非常到位的時候，才能夠在競爭中打敗對手，同時吸引訪客做進一步的瞭解和諮詢。現在我們做網站都要努力加入營銷元素，為客戶打造營銷型的網站、有思想的網站，這樣才能夠勝過競爭對手並吸引到潛在客戶。

第六章 隊與後勤

第一節 新時代下互聯網組織的建設

任何組織的領導人要實現自己的理想與目標,就必須使一個組織成為他的工具。麥克盧漢說「媒介是人的延伸」,那麼組織就是領導人的延伸。組織是領導人為了實現自己的目標與理想而存在的,一般來說,一個領導人的目標有多大,他的組織就有多大。組織獨立於領導人的身體之外,透過一定的方式組合起來,發揮眾多人的力量,從而實現單人無法完成的目標。組織是直接服務於領導人的意志目標與價值判斷的。一個領導人能獲得足夠的成功或者說實現自己的理想與目標,並不是簡單地看他的資源有多少,而是看他如何把其他人有效地組織起來,如何把組織當成是自己智慧與能力的延伸,並從中協調,為達成同一個目標而努力奮鬥。

傳統的組織理論助力了工業時代的飛速發展,而面對虛擬經濟,傳統的組織理論就開始感到力不從心了。傳統的組織理論是基於傳統的產業價值鏈而設計的,傳統的價值鏈是線性的價值鏈,基於訊息的不對稱,透過各種中間環節層層增值,然後到最終的消費者手上;鏈條長,產業效率低,消費者參與的成本高,訊息化程度低。虛擬經濟的價值鏈是環形的鏈條,以消費者為中心,透過高度的訊息化實現廠家與消費者的全新連接,消費者可以直接參與到產

品的設計、研發、製造與生產過程。產品分銷過程基於訊息的對稱而產生了各種新的鏈接方式，如研發的眾包、社群經濟、渠道眾籌、雲端協同等。基於新的價值鏈，我們需要設計新的組織方式，以適應新的形勢與發展。

工業化時代，金融資本是主導資源，掌握金融，企業就能做大做強；虛擬經濟時代，人力資本是主導資源，掌握人才，企業就能快速發展，做大做強。當人力成為核心資源後，組織的建設就非常重要了，在互聯網時代，成功的團隊打造在於良好的制度設計。互聯網是一個無邊界的組織，強調的是為了共同的目標，組織內的任何角色分工不分家，人的角色逐漸從分工過渡到自己所能承擔的職責轉化，人只有能力的邊界，而沒有職責的邊界。企業組織的建設目標變成了如何成為對外媒體化、粉絲化，對內平臺化、創客化的組織。

傳統企業的組織方式是科層制、現代官僚制，是個正三角形，傳統的企業是以自我為中心的，是一個獨立、全能、封閉的單位，透過一個總點逐漸擴散到各個點，全部的能力又匯聚到原點。互聯網時代的企業是節點化、扁平化的，所屬關係也不是垂直的。對於一些著名的互聯網公司而言，一臺電話或一臺電腦是沒有什麼用的，但是連上網路卻無所不能了，而且加入的數量越多，這個體系越強大。企業轉型的第一步就是讓自己成為網路關係中的一個節點，通常，傳統企業的轉型變化有四個步驟：第一步是傳播互聯網化，就是建立自己的官網，做搜索引擎的優化，透過論壇、微博、微信建立與顧客的聯繫，影響顧客的營銷決策也是透過互聯網進行的。第二步是渠道互聯網化，透過淘寶、天貓等實現線上渠道的銷售，逐漸實現線上線下銷售的互動。第三步是供應鏈的互聯網化，

透過前面建立的營銷渠道的資源與訊息，進行客戶訂製化生產、團購、工廠直銷等供應鏈的變革。第四步就是經營邏輯的互聯網化，即組織流程、經營理念互聯網化，也就是前段時間大熱的互聯網思維。透過以上四個步驟，企業可以逐漸把自己的公司打造成互聯網化的公司，以適應新的發展形勢與新的工具渠道。

要達到以上的變革，就需要把公司從科層化組織轉變成生態圈式的組織結構，取消公司機構裡面的科層制，公司組織內部人員變成只有三類人，一個是平臺提供者，一個是創業團隊，一個是員工創客。這三類人沒有職位的高低，差別只是掌握和創造的客戶資源不一樣。第一類是平臺提供者，即團隊的孵化器，平臺的大小就是指可以容納多少創業團隊，基於公司的資源來創造更多的價值。平臺者不是一個領導，而是一個輔助者，輔助創業團隊做出更大的事，類似於外部機構中的孵化器。第二類就是創業團隊，公司與員工的關係不是僱傭關係，而是合夥人的關係，所以創業團隊與公司平臺的關係不是事業部與公司或者總公司與分公司的關係，而是合作夥伴的關係；為了一致的目標而發揮各自的資源與能力優勢，以創造出最佳的使用者體驗。第三類是在平臺與創業團隊中提供服務的員工，他們也是獨立的創客，透過給創業團隊提供服務而獲得報酬，不僅僅只是職能上的服務，還有其他力所能及的服務，也就是前面說到的，在新的組織中，人的角色逐漸從分工過渡到自己所能承擔的事務的轉化。這樣，變革後的企業就只有兩個圈了，一個是企業生態圈，一個是使用者圈。這樣就實現了企業與市場的緊密聯繫，而不像之前要透過分銷商的渠道來反饋訊息。

組織變革後，首先要面臨的就是流程的調整，傳統組織是串聯式的流程結構，每一級對上一級負責；而在新的組織結構裡，流程

是並聯的,每一級對最終的結果負責,即對消費者負責。營銷也不再只是營銷部門的事情,而是每一個環節部門都與消費者發生聯繫,從原來的一次性交易變成了全流程、全生命週期的服務。在管控手段上就需要遵循互聯網的核心原則——去中心化、去中介化;形成新的共享平臺與驅動平臺,讓參與這個過程的每一個人都成為中心,和使用者零距離接觸。

員工創客化要完成三點的轉變:員工角色的改變、員工的換位、員工薪酬的變化。第一是角色的改變,員工角色從原來的服從轉變成自主驅動地去完成更多的事務,服務於自己的事業與組織目標,掌握企業的決策權、分配權、用人權,每個員工都可以在企業這個大平臺上尋找機會、發現機會,然後從平臺中找到志同道合的人成立創業團隊。第二是換位,員工不再是僱員,而是合夥人,公司這個平臺只是機會的投資者而不是僱傭者。第三是薪酬的變化,在開始的初期,公司以較低的薪資支持員工創造,如保障員工的基本生活需求。薪酬是從為顧客創造的價值中獲得的。

企業平臺化、員工創客化的最終目標是實現顧客服務的優質體驗,激發員工把工作當成事業、從僱員變成股東,持續地與企業一起發展壯大。

掌握了互聯網的趨勢,開發出了好產品,設計出了美好的商業模式,若沒有強有力的組織來保障與執行,一切都將變得毫無意義。組織的設計與變革應該是領導人實現理想與想法時首先需要思考的,虛擬世界有虛擬世界的法則,順之者昌。

第二節 微商的五大運營體系建設

微商從2011年開始萌芽，自2013年微信開通支付方式時開始爆發，經歷了個人時代、團隊時代、聯盟時代，到現在的品牌時代，銷售額也是一路攀升，逐漸受到重視，但是很多人對微商的認知都還比較淺顯，我們基本可以下一個定義：在社交工具裡銷售商品或提供服務的人就是微商。我們更可以這樣理解微商，所謂微商就是在一個有較多人流量的街道上擁有一家店鋪，朋友圈就是這家店鋪的門面與產品陳列架。

通常情況下，我們把服務微商的系統分為渠道系統、訊息化系統、推廣系統、培訓系統和後勤系統。各個系統不是獨立存在的，而是相互交叉與重疊互用的，誠如我們之前講到的新型企業的流程是並聯的，職責上是分工不分家的，每個人有自己獨立的職能，同時又兼顧其他事務，以能力為服務的基礎，最終的目標是實現高體驗的客戶服務。

渠道系統

在微商中，我們一般把微商的渠道方式分為三種：平臺模式、直營模式和渠道加盟模式。在平臺模式與直營模式中，企業將銷售人員與消費者分離，服務的方式呈現出「單點服務全部消費者」的形式；而在渠道加盟模式中，銷售人員與消費者是一體的身分，也就是消費商的身分，服務方式為每個代理服務自己發展的客戶。每個代理沒有固定的區域，沒有區域保護政策，自己營銷拓展的人都屬於自己的團隊，自己的影響力範圍就是自己的區域範圍。

（1）平臺模式

平臺模式主要是利用自有平臺或者是第三方平臺售賣自己的產品或服務，再透過平臺的第三方模組實現推廣營銷與銷售的分離。

平臺模式的核心在於微信使用者群體的裂變，平臺直接面對使用者，透過活動來增加顧客的黏著度與留存時間，同時透過利益機制鼓勵顧客分享產品與平臺的訊息，從而實現粉絲數量的增長與銷售額的增加。促進粉絲裂變的關鍵在於設計好利益分配機制，同時選擇好的第三方支持系統。在平臺模式中，主要的系統能力塑造是選好系統、制定好利益分享政策，同時有4～5人的平臺運營團隊，團隊主要分工為選品、客服、活動策劃、美工文案。

（2）直營模式

直營模式是最接近淘寶、天貓的服務模式，服務人員都是自己僱傭的員工，透過專業的服務贏得顧客，同時在自有商城或第三方商城成交，唯一的區別在於淘寶、天貓的客源是透過平臺給予的，大家在平臺上投入。而直營模式則是透過自己的方法獲得使用者，然後把使用者分配給內部員工，對顧客進行管理。該模式適用於需要提供諮詢、建議的產品品類，把微信當成是CRM（客戶關係管理）。實現顧客管理與銷售同步，核心能力在於找到粉絲的能力，因此團隊建設的中心在於營銷推廣與客服服務。

（3）渠道加盟模式

渠道加盟模式是目前最容易快速發展的模式，大部分的微商都採用的是渠道加盟模式，這也是大眾最熟悉的一種方式。它基於傳統加盟模式，以人的影響力為邊界，形成不同的層級與不同的區域，透過降低門檻的方式讓普通消費者能夠分銷產品。渠道加盟的人員分散在各地，一般會分為不同等級的群，透過對群的管理來管理小團隊。

訊息化系統

這裡的訊息化系統主要是指企業內部的訊息化建設，目的是為了提升員工的工作效率與協同能力。通常企業的訊息化包括辦公的自動化（移動OA）、官網、代理管理系統、企業進銷存系統、會員管理系統等。辦公自動化能幫助企業明確分工、彙總企業內部的訊息，實現各個部門與崗位的訊息對稱。官網能讓消費者無論是在PC網，還是在移動網都可以找到公司，在增加企業公信力的同時也是良好的宣傳企業形象的重要平臺。比如，透過代理管理系統，企業不但能夠高效地管理公司以外的合作者，還能減輕在財務、培訓、發貨等方面的工作負擔。同時，代理管理系統又是聯繫公司、處理自己事務的重要工具，通常它還會提供產品防串貨服務。企業OA渠道管理系統是對人的管理，進銷存系統則是企業內部對錢、貨的重要管理工具，透過這個系統可以馬上知道自己的收益與庫存情況。會員管理系統是減少推廣成本與提升顧客服務的重要工具，透過這個工具可以識別不同價值的客戶，然後為他們提供不同的服務，從而實現企業的最大收益。

推廣系統

推廣系統是指透過各個營銷渠道與平臺的管控，實現企業美譽度、知名度的提升，是影響消費者決策的重要系統，同時是渠道微商擴展公信力的有力工具，是平臺微商與直營微商獲取代理與客戶的重要方式。微商中的推廣系統的原則就是全網營銷、落地微信。通常情況下我們會把推廣系統分成兩個部分：一個是以企業身分存在的，一個是以個人身分存在的。以企業身分存在的推廣系統主要活躍在各個新聞源、企業業配文、企業新聞、kol（意見領袖）的合作、電視廣播、影音營銷等方面，主要是為產品提供公信力，提升品牌的美譽度與知名度。以個人身分存在的推廣系統主要是以消

費者的身分分享自己所使用產品的感受與經驗,從消費者的角度證明產品的優勢,同時也為產品在社交媒體中的成交提供豐富的素材。

培訓系統

培訓系統是微商銷售額實現倍增的重要保障,渠道加盟模式的微商每週大約有三場講座培訓:一場代理轉化培訓,一場銷售技巧培訓,一場產品知識與政策宣導。這些培訓在提升成員銷售能力的同時也為推廣提供了大量的素材。培訓的內容主要為企業文化、企業歷史與榮譽、新品牌的價值、產品知識、產品銷售技能、代理管理技能、產品檢驗報告解讀、產品使用步驟、公司最新政策等。線下的培訓主要為經驗交流與擴展人脈,同時拉近各個成員的距離,形成家、集體的氛圍,增加成員的自豪感與自信。

後勤系統

後勤系統一般包括財務部、人力資源部、行政部、倉儲部、發貨部、美工文案、採購部等,這些都是傳統企業中為業務提供支持的部門。在平臺與直營微商中,他們沒有太多的變化,在渠道加盟微商中,這些部門可以透過微信群進行互動與提供業務支持。

小企業靠老闆,大企業靠系統。企業的系統化運作管理直接影響著企業的競爭力與對市場的快速反應能力。系統的綜合能力越高、越強,則其發揮的價值越大。五大系統的建立是對企業產品力、營銷力、管理力和文化力的組合,是使企業可以真正持續發展的核心競爭力。系統化能力越高,企業之間的協同問題越少,企業運作就越順暢,其效率也越高,企業抗風險的能力也就越強。

第七章 微商的趨勢

第一節 我想寫一篇長文,好好談談微商

本節主題是:在當前很多人認為微商處於低潮的時期,我們為什麼仍看好微商?

過去兩年,我們一直致力於O2O(線上與線下結合的營銷)模式的研究,對微商研究較少,直到最近,我們越來越感覺到基於O2O的純F2C模式存在很多不足。

所謂F2C就是Factory to Customer,即從廠商直接到消費者個人的電子商務模式。

過去兩年,我們基本都採用的是「O2O+F2C」模式,取得了一些成績,也有了一些「經典案例」。但是,筆者在實戰中總是覺得廠商直接面向消費者的銷售模式如果簡單依靠線上線下的互動,還是很不夠的。

於是我們想到了微商必須要內外配合,單靠廠商自己的力量,單靠線上線下結合的活動,無論是從滿足市場需求還是從企業長遠發展來考慮,都是遠遠不夠的。

筆者看到朋友圈中的人在説:「50%的微商已經死去,90%的微商業績下滑。」數據是否真實,筆者無從判斷,但可以肯定,前

大變局
微商模式的設計與運營

段時間的微商確實在經歷大的變化。

這並不是什麼壞事，微商界本來就魚龍混雜。真正的微商主力還沒有開始進軍微商，還需要我們去為他們搭臺引導並實現合作的雙贏。

這個主力，就是筆者說的社會知識精英。如果他們要嘗試進入商界，那微商正是比較好的切入方式。

傳統的商業模式很難解決商品流通中的「流量成本」這個問題。在電商之前，產品從廠家流向消費者的過程主要有兩大成本：

一是商品流通成本，從「工廠—省代理—市代理—批發商—零售商—消費者」，層層加價；二是實體店的鋪租，因為那時候還沒有O2O，銷售基本依靠實體店流量，而實體店流量只能一味依賴地段，造成租金居高不下。商業地產有一句話：地段！地段！還是地段！這就說明了流量的重要性。

通常這個中間環節的銷售成本占60%～80%。比如一個出廠價為10元的產品，經過中間層層加價後，加上實體店經營等各種成本，最後到消費者手中就可能變成50元。

後來，PC互聯網興起，以淘寶為代表的電商平臺，一開始就顛覆了傳統的商業模式，不但成功實現了去中介化，還逐步用網店取代了實體店。

電商平臺興起之後，剛開始，大家都是很開心的，一度包括筆者在內的許多人，都以為淘寶電商就是最好的商業模式；誰知隨著競爭日益激烈，直到後來我們才發現，淘寶的流量成本日益高漲，甚至並不比傳統實體店的鋪租便宜。

於是，要麼提價，要麼降低產品質量，或者做假貨等。總之，惡意競爭在所難免，造成企業基本沒有利潤空間可用於創新。

由此可見，無論是傳統的實體店經營，還是傳統電子商務，都無法從根本上解決「流量成本」問題。

在傳統的商業模式下，誰控制了流量，誰是流量中心，誰就是最大的贏家。過去是實體門店，後來是電商平臺，只是流量中心從線下搬到了線上。

事實證明，傳統電商也不一定能解決問題。接下來我們來探討一下微商的可能性。這是移動互聯網帶來的必然進步和演變，它的核心功能是去中介化和去中心化。它的趨勢是挑戰流量壟斷和一切依靠訊息壁壘而存在的商業模式。

是的，移動互聯網的核心功能就是鏈接一切，讓鏈接無所不在。

在這個時代，每個人都是自媒體，都是一個小的流量中心。

消費者突然發現，購物，不再需要依賴於某一平臺；商家也頓時發覺，銷售，不用開實體店和淘寶店，而可以選擇開一個微店。這就是移動互聯網的產物，既去中介化，又去中心化。

更重要的是，挑戰了流量權威，而只有打破流量壟斷，去除商品流通環節中的「流量成本」，才能讓消費者得到真正高性價比的產品，才能讓商家得到應有的利潤以用於產品創新，才能騰出更多的資源和精力來做好售前、售中和售後服務。

微商可以透過移動互聯網鏈接消費者，透過消費者與消費者之間的鏈接和口碑傳播實現二次、三次銷售。

大變局
微商模式的設計與運營

那麼，微商到底是不是一種更良性的商業模式呢？為何前段時間的微商淘汰率那麼高，甚至大部分名聲那麼差？

因為，他們「只知其一，不知其二」。他們中的很多人不是真正理想的微商，遠遠不是微商的最佳形態。就如我們不能把路邊擺攤的小攤小販當成零售業的全部來看待。那樣，你就看不到沃爾瑪、蘇寧和國美了。

遭到淘汰，帶來壞名聲的那群微商，他們可能是微商的先知先覺者，正如當年最早的創業者們，和今天的主流商家相比，無論從實力、規模還是運營水平，都有著很大的差別。

不要在一個事物的萌芽階段，笑它長得不夠好看。那麼，什麼樣的微商，是真正「好看」的微商呢？關於這點，筆者認為有兩個標準：

第一：合理才能存在。合理，不是暴力洗版；合理，也不是暴利矇人；合理是在信用上給予更多的保證，在服務上給予更專業的指導，在價格上顛覆實體店和淘寶店的流量溢價，只有這樣的「合理」，才能真正在朋友圈存在，才能在朋友圈得到大家的認可和歡迎。

第二：專業、創業、敬業。微商不是人人都能做的，或者說，每一個產品和行業，都需要與之相適應的人來做微商。這裡面首先就是專業素養。

筆者有一段時間在朋友圈推廣一種產品，每天忙得手忙腳亂，可謂生意興隆。可後來筆者找了一群年輕人學著筆者的方式做，他們卻始終做不好。

第七章 微商的趨勢

為何？因為他們不是承擔這個生意的群體。他們的年齡、素養、朋友圈質量，對產品的價格和其中的文化都無法接納。

所以，微商是講究層次，講究針對性的。什麼樣的人，做什麼樣的產品。除了專業和資源，微商更大的價值是在服務上的優勢。一個優秀的微商首先必須是行業的「專家」，其次才是商人。

說到這裡，或許大家要問：你說移動互聯網要去中介化，難道微商不是中介嗎？

微商是中介，但微商的第一身分不是中介，微商是產品服務的重要組成部分。客戶購買的不只是產品，還有服務。在中國高端消費日益增長的大趨勢下，服務的比重會越來越重。而服務正是傳統電商模式最大的軟肋，它是流通大於服務。而微商則相反，微商的身分是服務大於流通。微商的存在也會導致產品成本的增加，但這個成本首先體現的是專業服務的價值。微商是在流通中使服務增值。微商的增值是合理的，而合理才能存在！

所以，筆者認為當今最佳的商業形態不是F2C，而應該是（F+C）2C。也就是，工廠（F）和微商（C）一起服務顧客（C）。

工廠代表產品的價值，微商代表服務的價值，他們一起聯合起來形成產品和服務的合體，可以為市場提供性價比更高的服務。

不只是微商群體需要微商模式，也不只是顧客需要微商模式，還因為中國企業界需要微商群體的參與和扶持。

30年來，我們企業界讀書人不多，而中國市場需求卻日益「高端化」。因此可行的方法是：讓更多讀書人進入商界，參與產品設計和創新。如果我們能夠成功引導那些知識精英來參與，那麼

他們將會是今天企業家們最得力的助手和合作夥伴。

微商,不只是互聯網＋,還是人才＋,還是專業＋,還是知識＋。

一句話,企業擁有微商群體,不只是替你做銷售,還要和你一起做服務,一起研究市場需求,能夠協助企業捕捉市場,加快產品創新和迭代。

誰能夠在當今混亂的微商界別出心裁,去招攬和訓練出一支既專業又敬業且富有創業精神的微商服務團隊,誰就可能取得成功。

實際上,筆者朋友圈中已經有人做到了,他們的發展迅速且良性,每次提到他們,都讓人十分欣慰。

第二節 微商是否為一種趨勢

正所謂「燈不撥不亮,理不辯不明」,今天就來談談微商的價值,看看微商是否是一種趨勢。

看一個商業模式的前景,關鍵要看它是否能夠顛覆傳統模式,彌補過去的不足,進而創造出全新的價值。

其實,微商到底是什麼呢?

筆者認為,微商就是藉助微信、微博、微播等移動互聯網時代的自媒體平臺,向基於熟人的「朋友圈」人群,提供比實體店、電商店等商業渠道更加物美價廉和專業可靠的產品。

微商也是電子商務的一種,也叫社交電商。商家的目的是銷售商品,只要你是為了提供更加物美價廉的產品,把優秀的產品賣給

了消費者，你就是一名合格的微商。

微商應該是藉助移動互聯網的便利，提供更加優質的服務。

一種商業模式的前景，取決於它的價值，要看它能否彌補過去商業模式的不足，能否為消費者提供更多的便利。

微商的價值在哪裡？

第一，破除「流量成本」的弊端

微商透過自媒體挑戰了流量權威，即商業發展中存在的最大問題——流量成本。

微商不依賴於實體店以及電商平臺的引流，用一部手機便可隨時隨地低成本創業。

幾十年來，幾百年來，甚至幾千年來，傳統商業最大的弊端就是流量成本高。

目前的商業模式，成本大幅度來自流量，利潤高度集中於平臺，商業高度依賴於流量中心，財富高度集中於少數擁有流量資源的人種，而可行的商業模式又豈止這些？

第二，吸納知識精英進入商界

透過微商模式，調動「8小時之後」，激活人脈資源，讓更多高端人才進入企業界，參與商業服務，是微商最大的意義。

今天，為什麼很多中國企業生意越做越難，不是沒有市場，而是企業的創新跟不上消費者的需求，究其根本原因則是企業缺乏人才，缺乏讀書人。

傳統商業模式中資源的位置很重要，而在微商這種商業模式

下，往往才華就顯得很重要。你的創新能力、營銷能力、領導能力和培訓能力才是關鍵。

大家不一定會在乎一個微商領軍人的背景，而往往更關心商品本身的品質和價格。

因此，筆者認為未來會有更多有才華的人透過微商模式進入商界。

第三，提供更多增值服務

傳統商業是流通大於服務，在商品流通過程中的溢價，其中絕大部分用來購買了流量。

而微商是服務大於流通，在商品流通過程中的溢價，其中絕大部分用來激勵微商提供給顧客更好的服務。微商，說到底就是要參與商業創新，並為顧客提供更加周到、專業的服務。它讓移動互聯網變得更有趣，讓人們既不必枯燥地做生意，還可以更好地發揮各自的才能。

第三節 微商，治失眠「良藥」

言外之意，就是我們的微商模式和培訓，可以讓當今很多度日維艱的企業家找到新思路，設計出新模式，進而安心入睡。

比如某微信公眾平臺，其服務號開售江西深山貧民種植的水果玉米後，在不到24小時裡，已默默售出了幾千單。

而收到訂單的農民伯伯、阿姨則頂著37度的高溫下地採摘玉米，此事也引發了當地政府和媒體的關注……

對於這種「意外的收穫」，筆者認為：

（1）微商時代，天下沒有難做的生意

微商時代，人和人、人和物，被網路高效地聯結在一起。只要找到合適的模式，就能夠快速整合社會資源，讓天下沒有難做的生意。

正如一滴水終將流入大海，關鍵看選擇什麼樣的渠道。微商時代，沒有賣不出去的合格產品，只有賣不出去產品的人和商業模式。

比如：擁有核心技術優勢，適合批量複製生產的產品可以採用渠道微商模式；擁有地方特色優勢，具有明顯季節性特點，產量受到自然生產侷限的農產品，則可採用平臺微商模式。

兩個產品如果換一種模式來銷售，都將會寸步難行。

所以，既要選擇合適的產品，又要找到匹配的微商模式。

產品在挑選合適自己的平臺（模式），平臺（模式）也在挑選適合自己的產品。

社會資源透過這種模式實現最佳配置和快速高效分配，這可以說是移動互聯網最大的魅力。

（2）處處都是暢銷渠道，人人都是品牌代言人

無論是健康產品，還是生鮮糧食，都可以透過微商進行銷售。不用依賴過去的傳統渠道，也不再需要開實體店和電商平臺，人人都可以架起一個屬於自己的平臺。

就公司而言，大品牌構建大平臺，小品牌搭建小平臺，影響力

就是銷售力。

就個人而言，有資源、有才華、能說會寫、影響力大的人，可以搭建大團隊；還在成長階段，才情有限、影響力小的人則更適合搭建小團隊。

從商業角度理解，那就是再小的個體，都會有自己的銷售力。每個人都可以找到適合自己的產品和模式。

誰能夠找到合適的產品，設計一套共贏的激勵制度，把各種力量匯聚到一個正能量的平臺上來，誰就離成功更近。

第四節 老闆為何難當？

記得有一次，筆者跟200多位企業家講了一段大實話。

筆者談了自己的體會：雖然創業以來，一直在互聯網發展的最前端，常得益於互聯網大潮。但創業15年來，依舊日經風霜，夜無安睡，話不敢大聲說，笑不敢放聲笑，可謂謹小慎微。可是15年來，企業越做越大，壓力也越來越大。物質上稍有改善，但收穫遠遠比不上付出。

然後我看到很多企業做得比我還大的朋友，也一個個過得苦不堪言，老闆當得「味同嚼蠟」。大家都很拚，也都很苦。每次一提到那句話，都幾乎同聲附和，那就是：老闆難當！

這是為什麼？為什麼多年來我們充滿正能量的拚搏和努力，得到的卻是似乎越來越大的包袱？

刺激筆者反思的還有另一件事情，那就是最近家裡的火災。一

場大火，燒了半套房子。我從幾十千米外匆匆趕回，回到家只看見了熱氣騰騰的現場。

站在火災現場，拍了一張照片，內心很自責。創業多年，依舊四處漂泊，沒能守護在家人身邊。然而，很多創業者都是這樣聚少離多，基本顧不上家庭。這又是為什麼？為什麼我們越拚越忙？

筆者第一次深刻反思當今企業的經營模式。我們每天承擔著各種成本，房租、稅收、社保、工資……各種開銷，一年到頭，除了一場辛苦，所剩並不多。

不是我們創業者不夠優秀，而是我們的模式出了問題。

傳統模式，員工越多，壓力越大。這是一種趨勢，因為員工越來越年輕化，家境越來越好，他們可能會憑興趣和喜好做事，也不一定像他們父母那樣勇於承擔和拚搏。

市場競爭越來越激烈，客戶也越來越有錢，要求越來越高，越來越難伺候……

兩邊的壓力最終加在一個人身上，他的名字叫：創業者。

按照這樣的模式走下去，不逆轉，不改變，我們將工作到死，而且可能會死得很沒有尊嚴。

那麼，如何改變呢？

作為一個從業15年的互聯網專家，筆者經過苦苦思索和實踐，得出了下面的結論：

必須破除加在老闆們頭上的兩大「魔咒」：一是日益龐大的員工隊伍和工資福利；二是幾乎一季度一漲的實體房租和電商流量費

大變局
微商模式的設計與運營

用。這兩個問題不解決，老闆便只是在給員工打工，在給房地產和電商平臺打工。

目前經濟趨勢下，工資不斷上漲，房租經常翻倍，傳統模式如果一味擴張，基本是沒有出路的。以聯想實力之強，也避免不了2015年虧損1.28億美元的結果。

經歷了15年的創業和煎熬，我越來越覺得真正的成功是把公司做輕，把產品做精，把生意做大，把自己解放出來。

目前最好的模式是什麼呢？

筆者認為答案就是充分藉助移動互聯網，團結一切可以團結的力量，儘量把團隊拉到公司外去合作。

移動互聯網首先是把人從辦公室解放出來，讓人們隨時隨地辦公和工作，這一點使得很多人只需要一部手機，就可以在任何地方上班；只要有一個微信群，就可以培訓和開會。

移動互聯網的另一個變革，就是讓很多原先沒有資金和時間可創業的人現在可以輕鬆創業。透過微信和其他自媒體工具，輕而易舉便可以參與到商業經營中來。只要有一個微信號，就可以隨時隨地參與銷售和服務。

前者大大削弱了辦公室的重要性，後者提供了大量的兼職創業力量，他們不但不需要工資，通常還有更高的學歷和資源，還會自己拿錢出來跟你創業。這就是——微商。

筆者認為，微商、社交電商、分享經濟，將成為未來商業的主流模式，成為實體店和電商平臺之後的重要商業形態。

第五節 企業將剩下老闆一人

數年前,因為同做一個項目的緣分,認識了知名品牌營銷專家華紅兵老師。華老師讓筆者印象最深的一句話是:企業做得最成功的狀態,是最後剩下老闆一個人。

筆者和很多朋友一樣,剛開始聽到這句話的時候都是拊掌大笑。

直到後來,當筆者的個人微信號加到幾千人,每天的業務量足以超過公司裡的任何一個銷售部門時,筆者也開始在講課的時候說,我終於理解華紅兵這句話的意思了。

然而現在才覺得,那個階段,筆者也還沒有完全理解「一個人」的內涵。

或者說,只是從銷售的層面理解了。因為那時,筆者一邊分享「最成功的企業是最後剩下老闆一個人」,一邊還在招兵買馬,裝修辦公室,擴大公司的規模。

大概那個時候,我認可了「一個人」的威力,卻在內心深處,仍然無法接受「把企業做到最後剩下老闆一個人」這樣的結論。

直到近兩年來,經歷越來越多,看到的人和事越來越深入,更遇到微商大潮興起,筆者才對此深有感悟。我們不難看到,很多規模龐大的傳統企業家左右為難,度日維艱,甚至出現企業剛登陸新三板,老闆就不見了的情況!

比如在2016年,掛牌新三板不到5個月的戶外運動品牌哥侖步,其董事長「以快遞方式」遞交辭呈後失聯。

上市，本是中國企業經營成功的標誌，在今天卻可能成為老闆「失聯」的導火線。

很多只有幾個人的微商團隊，其創始人不但輕鬆白手起家，業績飛速發展，團隊卻依舊十分精簡。

也有些微商品牌，其貌不揚，但業績卻十分突出。

此時，筆者又開始思索華老師說的這句話了。

確實，在今天的移動互聯網大時代，規模不等於實力，苦撐不一定會有盼頭，這是自媒體時代的必然趨勢。如果你能夠整合這樣的力量，那麼你創業只需要一個人和一群一起創業的、不需要你發工資還會跟你一起投資的微商。

如果你不能整合這樣的力量，那麼不管你已經創業多少年，最後都可能只剩下自己一個人。

第六節 未來微商轉型成功的企業會是什麼樣子？

時下，當老闆太苦，做企業太難，是很多人的共識。筆者作為一個互聯網專家，一直鼓勵企業轉型微商。那麼，企業轉型微商之後，會是什麼樣子呢？

今天就談談筆者理想中的成功微商企業應該是什麼樣子。

第一，目前市場中那些看似成功的微商品牌，還不是最理想的狀態。

目前市場上做得不錯的微商，大部分都是因為站在風口，占了先機。很多品牌還沒有核心技術，大部分依靠OEM（俗稱代工）供貨。可以預測，這樣的品牌如果不加強技術投入，一定無法長久。

在筆者心目中，未來成功的微商品牌，不只是擁有優質的產品，不只是擁有強大的微商代理渠道，更必須擁有強大的研發能力。

持續研發創新的能力，才是未來成功微商企業的真正核心競爭力。

因為隨著微商的發展，你會發現市場上的微商激勵制度大同小異，最終使你的產品脫穎而出的必定是核心研發能力。

同時，今天的小微商代理們也會逐漸壯大和成熟。隨著他們的銷售體系和財力的壯大，自立門戶的想法必定不可避免，那個時候幫你留住渠道的，也一定必須是技術優勢。

第二，筆者心目中的理想微商企業，必定是一個輕公司。

微商時代的成功企業，不會動輒幾百、上千名員工。不需要豪華的辦公室，也不需要龐大的運營、銷售隊伍。如中糧健康生活的公眾號，有上千萬的粉絲資源，數百萬的分銷商，而運營這個公眾號的團隊還不到10個人！

未來的微商企業團隊更像是一個後勤團隊，它負責研發和挑選優質產品，完善一套制度，搭建一個微商體系，然後執行這套機制，做這個微商體系的後勤保障和監管者。

它們是輕公司，也是高素質、高效率的公司。

值得一提的是，在未來的微商新型企業裡面，培訓師會占據非

常重要的位置。

培訓比管理更重要,辦公也會從線下轉移到線上。

另外,這樣的一家公司,未必一定會在大城市或在城市中心位置,他們更可能在郊區安靜的別墅和渡假村裡,透過移動互聯網操控全國的微商銷售體系。

第三,成功的微商轉型企業,當然必須擁有龐大的微商代理團隊。

這個微商系統必須有制度,有紀律,有共同的信念,充滿正能量。

成功的微商企業,必定是充滿正能量並且具備強大的培訓、引導、監管能力的團隊。

看起來好像沒有幾個人,但是影響力卻無處不在;看起來好像很龐大的微商體系,卻在制度、產品追蹤和管理軟體中收放自如。

這就需要很先進的微商管理制度和管理軟體。

用高度的訊息化,強大的數據分析能力,把監控體系落實到每一個產品、每一個微商代理和每一個消費者上。

第四,成功的微商轉型企業必須有自己的平臺和粉絲。

除了微商體系,除了強大的後勤服務團隊,優秀的微商企業還必須有自己的平臺,以及足夠數量的平臺粉絲群。

平臺,才是微商企業的未來,是企業長久、穩定、健康發展的最好保障。

沒有粉絲沉澱,再龐大的微商體系都會有「因為突發事件而一

夜之間土崩瓦解」的危險。

可以說，「自有平臺＋直屬粉絲」是企業生存和發展的「御林軍」，是保障企業在任何狀態下迅速反彈的本錢。

因此，和粉絲互動、交流、相融共生，也是未來新型企業必須具備的基本能力。

綜上所述，未來的成功微商轉型企業，必定擁有強大的技術創新能力，強大的渠道管控能力，是輕公司，大系統；擁有口碑好的產品，並不斷推陳出新；同時擁有自有品牌，平臺上有相當數量的粉絲群體。這樣的企業，筆者稱之為新型企業，也就是微商轉型成功的企業。

第七節 守正出奇，好的微商將成為企業制勝的一支奇兵！

筆者今早跑步，突然想到這個詞：守正出奇。

自古善戰能用「奇」

守正出奇源自《孫子兵法》：「凡戰者，以正合，以奇勝。」

正：棋類術語叫正著，本手，軍事叫正兵。

奇：出其不意，意料不到。棋類術語叫妙手、鬼手，軍事叫奇兵。

守正：就是按照堂堂正正的正確方法去發展，走向勝利。

出奇：就是用出其不意的奇思妙想，贏得勝利。

正,常人可用。奇,高智商、高水平專業人士才可用。

守正出奇,就是既按照堂堂正正的正確方法去發展,走向勝利,但又不能一成不變,要創新,敢於勝利。

「如敵力勝我三倍,當用奇謀勝之。」

下面摘自萬通集團董事長馮侖的自著《野蠻生長》:「守正出奇」,「正」,正路、正道,「奇」,出人意料。「守正出奇」,正道而行、守法經營,突破思維、出奇制勝。就是用百分之七十的時間去想「正」的事情,用百分之三十的時間研究變通。既不墨守成規,又有創新,只有如此,方可在商戰中制勝。

簡言之就是一種小勝靠智,大勝靠德。正道而行、守法經營,突破思維、出奇制勝。

如果說傳統營銷模式和電商模式是目前大家心目中的營銷正道。那麼,微商可能就是奇路。

和一位CEO的對話

筆者之前會見一家動漫遊戲公司的CEO,聊了一個下午,都有這樣的共識:依靠傳統模式可以過日子,但是已經沒有多大盼頭。儘管微商還存在諸多爭議,但目前看來,卻是最可以用武的地方,最可能取得突破的地方。而對於發展微商可能給品牌帶來的影響,完全可以透過加強管理和培訓來彌補。

筆者特別跟這位CEO強調了微商不一定就是「粗暴洗版」和「暴利矇人」,大部分微商都是敢為天下先的勇者和智者,他們也很重視自己的信用與形象。

出奇不能靠「替手」

曾國藩曾說:「辦大事者以多選替手為第一要義。」

這裡面的「替手」,不是說一開始就找人幫你做,而是自己先做一段時間,培養出人才來,然後指導他去做。

大概很多人都有這樣的想法:找到某個微商團隊,然後供貨給他們,自己坐等訂單找上門。而事實上,你自己都不肯刷朋友圈,都不去思索如何讓你的產品在朋友圈「動」起來,別人更不會浪費精力。

因為凡是能夠搭建一個微商體系的人,都是很聰明的人,都是不缺好產品的。他既然能夠搭建起這樣一個體系,就一定嘗試過很多產品,所以你想要說服他們,實在需要做很多的準備。

而事實上,沒有人會替你去打天下,用一位企業家的話說:「自己生產的產品,跪著也要找出一條路來!」

學習才是王道

微商是個技術活,它有兩條火線碰不得:微信規矩,法律底線。它有兩大硬體繞不得:使用者體驗,激勵機制。

所以做微商不能盲目,一定要專業,這就需要學習,在你開展微商之前,找專業的微商培訓機構,好好地把所有的概念、模式、制度看一遍。心裡有個譜,那時候再來「出奇」,更容易「制勝」。

第八節 微商趣談

目前的微商,無疑是尷尬的,比如微信至今還未公開承認微商

的身分,相關部門也似乎還無定論。相對於各地電商擁有的專屬政策扶持,微商是很委屈的。

然而可以肯定的是,大部分微商都是合法的,而且是富有活力的。更有趣的是,與當前有些電商不賺錢的情況相反,大部分微商都是賺錢的。

頂著來自各方的壓力,今天的微商創業者正用自己的熱情和毅力承受著電商創業者曾受過的委屈。

大概凡是新生的事物,都要經歷這樣的考驗。對於傳統主流群體,他們正吃得香,睡得好,似乎沒有變革的必要。他們對於微商,開心了可以表揚一下,不開心可以打壓一把,完全可以表現得收放自如。但對於微商創業者,只能咬牙默念知名的那句話:

「今天很殘酷,明天更殘酷,後天很美好。但絕大多數人都死在明天晚上。」

筆者寫這篇文章的目的,是想跟朋友圈的很多不支持微商的朋友商榷一下:我們應該如何看待微商?要討論這個問題,我們先來看看下面三件事。

第一件:你可曾在朋友圈宣傳過你的企業?

如果你有說過、顯示過你所在企業的優勢,那麼你也可以算作微商。從廣義上來說,所有在微信朋友圈有過宣傳、廣告、營銷活動的人,都可以稱為微商。狹義上說,作為一個企業中人,在雷軍經常刷微博推廣小米手機,董明珠代言格力空調,TCL李東生為了代言TCL產品專程減肥,企業領袖自我代言、自我背書的時代,如果你連在朋友圈刷一下自己產品的動作都不去做,那麼只能說:你

實在是太能忍了！

第二件：你可體驗過擁有50個微商合作夥伴的感覺？

這篇文章主要寫給創業者，寫給那些還不認可微商的企業家們。所以在這裡要再問一個問題：你可曾感受過微商的威力，可曾體驗過擁有幾十上百個微商合作夥伴的感覺？

一般來說，每個月發工資的那幾天是很多老闆都很頭疼的時候。

說什麼不到長城非好漢，當前經濟形勢下，能夠一直把工資發下去的就是好漢。然而苦撐不是辦法，大家可曾想過微商呢？他不但不需要你發工資，而且還會投入資源跟你一起創業。

第三件：你可曾系統學習過微商的理論和知識？

對於微商的認識，不但要實踐，還要學習。系統的學習，全面瞭解微商的機遇、微商的模式、操作方式、成功案例，對於客觀認識微商，把握微商機遇，肯定是很有幫助的。為什麼有的微商做得順風順水，有的微商一不小心走上傳銷邪路；為什麼有的微商春風得意，而有的微商只能狂洗版和招人厭？這些都是專業與不專業的區別。不管你是否承認，當今時代已是後電商時代，也可以說是前微商時代。微商已經不可避免，此時與其觀望，不如加強學習。

第九節 與其在別處仰望，不如在這裡並肩！

實幹，才是互聯網應有的態度

互聯網絕對是實戰的學問，離開實戰，紙上得來終覺淺。

沒有實戰,你就無法真正去判斷一個事情(比如微商)的對錯和價值。所以筆者在前文中提到,你如果沒有親身經歷和體會發展50個微商跟你一起做事業的感覺,你也就無法評價微商的對錯。

離開實戰,僅靠人云亦云,你也無法產生對具體應用的無窮創造力。你也很難相信,原來互聯網並沒有那麼神祕,原來自己也可以輕鬆玩轉移動互聯網。

很多看似玄乎的互聯網學問,實際上只要稍微用心去靠近,去學習,去實踐,你就會發現其實很簡單,和其他任何學問一樣,只要用心,都能做好。

做公眾大號並不是「大咖」的特權

真正值得深入思索的互聯網模式,必須是可以複製的,有規律可循的。

此時筆者不禁想起唐駿老師的自傳《我的成功可以複製》,唐老師的成功是否真的可以複製,不得而知,但公眾號的運營卻有跡可循,通常有兩種模式,一種主要靠情懷才華打動,另一種必須靠利益機制激勵。

玩情懷是需要天分的,對我們大部分人而言,因為無法舌燦蓮花,或「毒舌吐槽」,所以只能另闢蹊徑,努力去尋求一種不那麼依賴才華,而靠利益分享、靠機制設計就可以快速裂變和發展的模式。

既然無法和粉絲談詩和遠方,就不如和粉絲講理和利益。

公眾號運營正從情懷驅動走向利益驅動,朋友圈的文章已經多到連標題都懶得去細看。與其去仰望永遠無法複製的「大咖」,不

如找一群利益與共、共同進步的戰友。

與其在別處仰望,不如在這裡並肩!實際上,移動互聯網不應該只是「大咖」的舞臺,更應該是有心人、有志者的舞臺。在中國歷史上,歷來能成大事的大多不是靠文采,而是靠理性,靠模式,靠運營。

曹操説得好:「吾任天下之智力,以道御之,無所不可。」

移動互聯網時代,雖大,雖亂,但物以類聚,人以群分。只要有「道」,運營得當,就一定能夠聚攏足夠多的合作夥伴,發揮出可能遠遠超越你期望的影響力。

作為企業中人,我們的職責不是去仰望,不是去懷疑,而是要去探索,去尋「道」,去尋找最適合我們自己行業和產品的那個能夠激活粉絲的共贏機制和裂變模式。

第十節 關於微商發展前景

在品牌方,很多品牌在發展到一定階段之後,也面臨前有優勢微商品牌強勢競爭,後有新品牌奮起直追,自己夾在中間不進不退的尷尬。

筆者近期收到很多朋友發來訊息提問:接下來微商應該怎麼做?甚至也有人問微商還能做?

針對這些問題,筆者想嘗試給大家分享一些答案和思考。

年輕媽媽對朋友圈的熱情和執著

占微商群體80%的中國媽媽們藉助朋友圈進行了微商創業,執

著於追求家庭事業兩相顧。不管微商出現什麼樣的曲折，只要移動互聯網向前發展，自媒體和朋友圈就可以存在，媽媽們就一定會藉助這些流量入口進行創業，去追求她們更完美的人生。

破除搜索引擎和傳統電商平臺等流量中心的壟斷，讓每個人擁有更加平等的機會發揮才情，公平創業，是微商，也叫社交電商的最大特色。

所以，微商是怎麼做、如何做得更好的問題，不是能不能做的問題。

微商品牌，「有德者可居之」

當前的微商界，可謂「鐵打的微商，流水的品牌」。然而這種情況不會長久下去，這只是微商的一個階段。

剛開始出來的微商品牌，通常都是因為膽量。他們以「敢為天下先」的氣魄，在各種環境和心態下迅速崛起，有些人可能是因為真正看到了機會，有些人則不過是歪打正著。

所以，我們看到微商品牌很脆弱，根源在於創業者沒有做好足夠的準備，缺乏必要的沉澱。

如果誰能夠一開始抱著「追求極致產品」的信念，再以「敢為天下先」的勇氣，重服務，造良品，修自我，誰就能夠在未來微商競爭中，得人心，得發展，得長久。

微商大咖，不要只顧著晒到帳，還要晒技術，晒德行。不只是要晒，還要修，要真，要誠，唯如此，方得長遠。

上天從不輕易把名器許人。功名富貴，歷來都是熱豆腐。心太急，匆忙吞了，也得吐出來。這樣的微商例子實在是太多了！

何謂微商界的「有德者」？

再講點歷史，隋末，天下大亂，各路英雄，你方唱罷我登場。然而，天下最終屬於李淵一家，為何？因為厚積薄發，也因為有德者居之。究其原因有四：

（1）在太原多年的沉澱和積累，擁有比較強的生產能力和創新能力；

（2）擁有非常優秀的團隊，同時具有比較開明的經營文化理念，重人心，得人心；

（3）從一開始，就拿出比其他起義者更高的姿態，打開糧倉，救濟災民；

（4）胸懷恢弘，不急著發財。「若得攻入長安，民眾土地歸於唐，金玉繒帛歸於突厥。」可以看出李淵其志氣不在財物，而在天下。

都說做微商很賺錢，可有人做微商不急於賺錢的嗎？如果有，那麼他很有可能就是有德者之一。

以很好的技術沉澱，以打造一個全新商業生態的決心，不以一人一時富貴為念，外修敢為天下先，內修能為天下師，必定能夠做出一番事業。

有德者如何居之？

做微商，不只是要看誰發展得快，更要看誰活得長久。因為真正的微商大時代還沒有開始，別一下子透支了自己的品牌。

當然，你不能等那一天到了再來準備。機遇從來垂青看到機

遇，又有準備的人。要相信歷史不會倒退到純電商和純實體店的時代，所謂「微商冬天」只是正常的季節性輪迴，是新生事物必須經歷的考驗。過了冬天，就一定還有百花齊放的燦爛陽春！

那麼，把握春天的機遇，有德者如何居之？

曾國藩先生曾經這樣論述他理想的「有德者」：有志、有識、有恆、有為。

他說：「有志，則不甘為下品。」

有志，就不甘自己做殺雞取卵的事情，做違背良心的事情，做沒有價值的事情，做經不起時間甚至歷史考驗的事情。有志氣的人一定會追求人生價值和社會價值，一定會全力以赴去做最好的產品。

曾國藩先生說：「有識，則不以一得自足。」

有識，就不會因為事業稍微順利，有點小小突破，就輕飄飄地自以為了不起。有見識的人能夠虛懷若谷，能夠謙虛謹慎，能夠繼續前行。

曾國藩先生說：「有恆，則斷無不可為之事。」

有恆，不以一時得失為進退，不以一時低迷而徘徊，始終堅信自己看到的，始終保持正能量，始終願意用移動互聯網帶來的變革，去帶給顧客和微商更大的便利，這樣的人也一定能夠成為最後的贏家。

第十一節 貿易公司－電商公司－微商公司的

第七章 微商的趨勢

演變

前面提到，中國商業企業演變將逐步從1980、90年代的貿易公司，到10年前的電商公司，再轉變到未來的微商公司。本節將談談與之相關的情況。

1980、90年代的貿易公司

傳統的貿易公司，大多生於1980、90年代，依靠資源和關係，從事某一產品的貿易和批發。因為對關係資源過於依賴，通常這些公司只做某一個地域的生意。因此我們看到，傳統的貿易公司都是很精緻的，第一是產品不多，第二是人員規模不大，第三是高度依賴於人脈資源。

那時候，大家的印象就是貿易公司都很滋潤，生意大小決定於資本和代理權限的大小。可以說，傳統貿易公司是賣方市場的產物。

1990—2000年的營銷公司

後來，中國逐漸從賣方市場轉向買方市場，從短缺經濟走向飽和經濟。此時，競爭越來越激烈，各種營銷理論悄然興起，業務員在這個時間段顯得十分重要，成為當時新型營銷公司的主要業務模式迫使一些傳統貿易公司面臨生存危機。於是，我們看到很多過去依靠資源，習慣了坐等客戶找上門的人在1990年代末面臨著失敗。

2000—2010年的電商公司

我們生在一個非常有趣的快速變革時代。還沒有回過神來，很

大變局
微商模式的設計與運營

快,這種「人海戰術＋電話營銷＋地毯式拜訪」的銷售方式又因為互聯網的崛起而被顛覆。以百度、淘寶兩家公司為代表的互聯網模式在後來的十餘年裡一次又一次更新了中國人對互聯網新經濟的認識。

因為互聯網,商業貿易又一次回歸到在辦公室「坐等客戶找上門」的時代。當時百度的廣告,就叫「坐等客戶找上門」。只是這種「坐等」,與1980年代的坐等已經截然不同,80年代是坐著喝茶,現在是坐在電腦前,透過互聯網,競爭全國市場。

2001—2010年那十年中,懂得藉助互聯網的基本都獲益良多。剛開始是家庭主婦、大學生以及少數敢吃螃蟹的實業家,再後來大家發現此路甚通,於是又白熱化了。

在中國,做什麼事情都要儘早,因為我們人才多,一旦一個商業模式形成共識,這個模式很快就會變得競爭激烈。

2010年之後,雖然大家還是坐著,但已經是越來越白熱化,坐等客戶找上門越來越難了。

如果不能實現去中心化,去平臺化,避開毫無休止的流量「燒錢」,互聯網的商業應用到這個時候似乎就繼續不下去了。

2011年,微商模式興起

2011年微信的誕生代表著移動互聯網的新趨勢,一下子打破了PC互聯網的電商僵局。

再後來,更聰明的人發現,一個人的朋友圈畢竟有限,如果能夠創造一種共贏的模式,把所有人的朋友圈都調動起來,那麼一定可以發揮更大的威力,於是微商規模化運作的雛形誕生了。

然而任何事物,成長太快都不是好事。微商早期成長太快,太過粗放,在騰訊還沒來得及關注,政府還沒有來得及規範的情況下,便容易出現很多問題。

2015年,微商新生態

然而,顧客的眼睛是雪亮的。2015年之前,很多微商品牌因為成長太快,產品和管理上沒能跟上規模和速度,紛紛被市場淘汰。

這也印證了筆者一個觀點,在移動互聯網時代,訊息高度透明,顧客每天都在學習,任何不負責任的商業活動都無法長久存活。

也就是說,微商管理,三成靠微信和政府,七成靠顧客口碑相傳,便足以建立規範有序的生態。

真正的趨勢,不會因為一時的混亂而停步,越來越多的實力派企業日漸看好微商的模式,紛紛進軍微商市場。

這些大企業的進入,給微商界帶來了一股暖流。他們以可靠知名的產品、強大的品牌優勢,一下子得到市場的熱烈反響,創造了非常可觀的市場業績。

有趣的是,在電商時代好像並不吃香的傳統大品牌,反而在微商時代非常吃香。這是為什麼呢?

因為電商時代是中心化的,你的成敗決定於顧客,更決定於平臺,平臺通常只看你貢獻了多少流量費用,而不是你的品牌大小。

而微商時代是去中心化的,你的成敗決定於顧客,也決定於個體。個體微商在決定是否代理你產品的時候,首先權衡的就是這個

大變局
微商模式的設計與運營

產品能否賣出去：我能跟著這家公司走多久，他們能不能給我放心的保障？

沒有口碑的微商產品，寸步難行。產品在走向市場之前，必須先經過代理商（微商）這一關，沒有人會隨隨便便在朋友圈宣布代理一個產品。因此，微商時代更加考驗生產廠商的實力。

從萌芽到蓬勃，混亂到有序，從粗放成長到逐漸被重視，從雜亂的小品牌到大品牌紛紛試水，微商用了5年的時間，到現在才找到感覺。

「竹子用了4年的時間僅僅長了3公分，在第五年開始以每天30公分的速度瘋狂地生長，僅僅用了六週的時間就長到了15米。」

竹子的這個故事，放在微商身上再恰當不過了。真正強大的模式一定不是某個人、某個機構所能主導的。

去中心化的微商，主導者不再是某個平臺，主導者是分散的，其中包括大品牌，包括各種微商運營機構，各種微商「大咖」，他們沒有一個有像阿里巴巴那樣強烈的標識，所以就需要一個過程。這個過程是商界，甚至是社會的普遍認可與形成共識的過程。微商已經走了5年坎坷路，接下來也不會是一片坦途。但微商這個太陽，已經是「站在海岸遙望中，已經看得見桅杆尖頭的一艘航船，它是立於高山之巔遠看東方，已見光芒四射、噴薄欲出的一輪朝日，它是躁動於母腹中的快要成熟了的一個嬰兒」。

呼喚新型微商企業

那麼，如何加速微商的發展？如何快速地有效把握這個趨勢

呢？

筆者認為，大品牌倡導，微商們呼應，中間還需要一類機構的承接，這類機構就是筆者一直倡導的：微商新型企業。

大品牌倡導，商家集中精力做好產品，微商團隊做好承接、培訓和服務，他們在運營中造成承上啟下，服務、培訓、溝通、監管的作用。他們就是筆者在前面提到的微商公司。

貿易公司—電商公司—微商公司，是商業貿易公司演變的三個形態。專業微商團隊運營公司，他們在微商生態中承擔著非常關鍵的角色，鏈接著品牌和終端，為微商的規模化和規範化發展開創了全新的模式。

新型微商公司，既不是坐等客戶找上門，也不需要花錢買顧客。他們透過精心挑選產品，做好培訓和服務，建立自己龐大的微商（個人）代理體系。他們是培訓機構、策劃機構；他們是服務中心，也是監管中心。在未來微商生態中，會有越來越多這樣的公司出現，他們可能只有幾十個員工，卻可能服務和運營著數以十萬計的微商，數以百萬計的粉絲。

第十二節 別看輕一個人，更別看輕一個商業模式！

筆者先講一個關於兩位潮汕兄弟在廣州白手起家並取得成功的故事。

10年前，有兩兄弟在廣州開了一家皮具批發店，在批發市場

大變局
微商模式的設計與運營

裡面，他們的店算是規模較小的。那時候淘寶電商剛剛興起，經常有淘寶商家過來採購，但是批量很少，很多大的批發商家都不屑這些電商顧客；但這兩兄弟則不然，每次都是熱情接待和配合。

那時候他們未必就已經看到了電商的前景，只是為人謙和熱情，有優秀潮汕商人的品質，不因客戶太小而區別對待。誰知這些電商客戶越做越大，短短兩三年，就帶動他們的兄弟店成長為整個批發市場最大的皮具批發商。

因為和電商走得很近，他們很快意識到電商市場的潛力：如果建立自己的工廠，再到淘寶上去做直銷，肯定更賺錢。結果短短幾年，他們成長為華南地區最大的皮具電商品牌，在天貓和唯品會數一數二。

當年電商興起的時候，有多少人因為看不到電商的潛力而錯過了電商黃金十年。相反，故事中的兩兄弟一開始就沒有看輕淘寶店主，反而因為親近和支持他們，從而看到了電商的機遇，並快速把握機遇，成為過去十年電商市場成長迅速的成功典型。

當一個新的商業模式興起，你身邊不斷有人看到它的潛力而奮起投入的時候，不要急著去評論，更不要急著去排斥。比如目前的微商，雖然興起3年來，經歷不少坎坎坷坷，也存在不少問題，但總體上，微商模式一直在改良和前進，而且有越來越規範化和專業化的趨勢。

一方面，是像雲南白藥、立白集團、舒客這樣的行業領軍企業紛紛進軍微商；另一方面，是越來越多的高層次人士進軍微商，很多企業家和高學歷人士在微商界後來居上，逐漸占據主導地位。

這個時候，仍然對微商不屑一顧的你，即使不急著去肯定和參與，也不要急著去否定和懷疑。請看在朋友圈裡很火的一段話：

一個人尚且不可被看輕，何況一個已經在市場上成長三年，被很多人證明是明顯有效、整體健康、快速成長的全新商業模式。

不看輕，但也不要輕信。最好的辦法就是放棄成見，不要人云亦云，要靠自己去觀察、去思考、去判斷。可以友善相待，主動去靠近、去瞭解、去學習，然後再做判斷，才是對待新生事物的正確態度！

不要因為一開始擺地攤的樣子很難看，而看不到未來萬店連鎖的潛能。

商業是實戰的學問，微商目前的姿勢雖然不是很優雅，但管用。筆者判斷，微商的產品一定會越來越好，利潤會越來越合理化，而運營也會越來越專業。

國家圖書館出版品預行編目(CIP)資料

大變局：微商模式的設計與運營 / 劉偉斌 著. -- 第一版.
-- 臺北市：崧燁文化，2019.01

面；　公分

ISBN 978-957-681-731-1(平裝)

1.網路行銷

496　　107023045

書　　名：大變局：微商模式的設計與運營
作　　者：劉偉斌 著
發行人：黃振庭
出版者：崧博出版事業有限公司
發行者：崧燁文化事業有限公司
E-mail：sonbookservice@gmail.com
粉絲頁　　　　　　　網　址：
地　　址：台北市中正區重慶南路一段六十一號八樓815室
8F.-815, No.61, Sec. 1, Chongqing S. Rd., Zhongzheng Dist., Taipei City 100, Taiwan (R.O.C.)
電　　話：(02)2370-3310　傳　真：(02) 2370-3210
總經銷：紅螞蟻圖書有限公司
地　　址：台北市內湖區舊宗路二段121巷19號
電　　話：02-2795-3656　傳真：02-2795-4100　網址：
印　　刷：京峯彩色印刷有限公司(精封數位)

　　本書版權為西南財經大學出版社所有授權崧博出版事業有限公司獨家發行電子書及繁體書繁體版。若有其他相關權利及授權需求請與本公司聯繫。

定價：210 元

發行日期：2019年 01 月第一版

◎ 本書以POD印製發行